Mobilisierung von Umweltengagement

ZukunftsStudien

Herausgegeben von Rolf Kreibich

Band 32

PETER LANG
Frankfurt am Main · Berlin · Bern · Bruxelles · New York · Oxford · Wien

Edgar Göll/Christine Henseling

Mobilisierung von Umweltengagement

Wie Unterstützungsmöglichkeiten für Umwelt- und Naturschutz erschlossen werden können

Herausgegeben vom Bundesministerium für Umwelt, Naturschutz und Reaktorsicherheit (BMU)

PETER LANG
Europäischer Verlag der Wissenschaften

Bibliografische Information der Deutschen Nationalbibliothek
Die Deutsche Nationalbibliothek verzeichnet diese Publikation in
der Deutschen Nationalbibliografie; detaillierte bibliografische
Daten sind im Internet über <http://www.d-nb.de> abrufbar.

Umschlagabbildung:
„Umweltengagement".
Abdruck mit freundlicher Genehmigung der
Naturwacht Brandenburg.

Dieses Buch entstand im Rahmen des Forschungsvorhabens
„Motivation in der Bevölkerung sich für Umweltthemen
zu engagieren – Eine qualitative Studie mit Fokusgruppen"
des Umweltforschungsplans des Bundesministeriums für
Umwelt, Naturschutz und Reaktorsicherheit im Auftrag des
Umweltbundesamtes (Förderkennzeichen 203 81 080/02).
Die Förderer übernehmen keine Gewähr für die Richtigkeit,
die Genauigkeit und Vollständigkeit der Angaben sowie für die
Beachtung privater Rechte Dritter. Die geäußerten Ansichten und
Meinungen müssen nicht mit denen der Förderer übereinstimmen.

ISSN 1860-658X
ISBN-10: 3-631-56276-4
ISBN-13: 978-3-631-56276-5

© Peter Lang GmbH
Europäischer Verlag der Wissenschaften
Frankfurt am Main 2007
Alle Rechte vorbehalten.

Das Werk einschließlich aller seiner Teile ist urheberrechtlich
geschützt. Jede Verwertung außerhalb der engen Grenzen des
Urheberrechtsgesetzes ist ohne Zustimmung des Verlages
unzulässig und strafbar. Das gilt insbesondere für
Vervielfältigungen, Übersetzungen, Mikroverfilmungen und die
Einspeicherung und Verarbeitung in elektronischen Systemen.

www.peterlang.de

Inhaltsverzeichnis

Geleitwort 7
Aufgabenstellung und Kontext: Umweltengagement als Herausforderung
für die aktive Bürgergesellschaft 11
Einleitung 17
1. Projektkontext und Methode 19
   1.1 Ziele und Forschungsfragen 19
   1.2 Projektkontext 20
   1.3 Methodik und Vorgehen im Forschungsvorhaben 20
2. Umweltengagement in sozialwissenschaftlichen Diskursen 25
   2.1 Begriffliche Einordnung von „Umweltengagement" 25
   2.2 Konzeptionelle Erkenntnisse aus den Sozialwissenschaften 27
   2.3 Bürgerschaftliches Engagement 29
   2.4 Gesellschaftliche Trends als künftige Herausforderungen 32
3. Engagement, Spendenverhalten, Potenziale – Empirische Daten 35
   3.1 Bürgerschaftliches Engagement in Deutschland 35
   3.2 Engagement im Umweltbereich in Deutschland 36
   3.3 Engagement in Form von Spenden in Deutschland 41
   3.4 Potenziale für das Engagement im Umwelt- und Naturschutz 42
4. Freiwilliges Engagement in anderen Staaten 45
   4.1 Nutzung professioneller Erkenntnisse aus Marketing und Fundraising 46
   4.2 Zugänge zu den Bürgerinnen und Bürgern 49
   4.3 Lokale und nationale Mittlerorganisationen 51
   4.4 Corporate Social Responsbility 53
   4.5 Anregungen für Engagementförderung in Deutschland 56
5. Motivationen für Umweltengagement 59
   5.1 Motivationen für bürgerschaftliches Engagement allgemein 59
   5.2 Motivationen für Umweltengagement – Ergebnisse der Fokusgruppen ... 61
      5.2.1 Motivationen für die finanzielle Unterstützung bzw.
            Mitgliedschaft in einer Umweltorganisation 61
      5.2.2 Motivationen für ehrenamtliches Engagement im Umweltbereich 62

5.2.3 Engagementform „Neues Ehrenamt"... 64
5.3 Zugangswege für das Thema Umwelt, Mitgliedschaft und Engagement.. 65
5.4 Ergebnisse aus der Repräsentativerhebung „Umweltbewusstsein in Deutschland 2004".. 66
6. Hemmnisse und Voraussetzungen für das Umweltengagement – Empirische Ergebnisse 69
  6.1 Ergebnisse aus den Expertengesprächen 69
    6.1.1 Hemmende Faktoren in den Verbänden 69
    6.1.2 Hemmende Faktoren in Politik und Gesellschaft 71
  6.2 Ergebnisse aus den Fokusgruppen 72
    6.2.1 Passive Mitglieder von Umweltorganisationen und potenziell Interessierte 72
    6.2.2 Ergebnisse der Fokusgruppen mit „Neuen Ehrenamtlichen" 78
    6.2.3 Ergebnisse der Fokusgruppen mit Uninteressierten/ Uninformierten. 81
7. Fokusgruppen als Instrument für Umweltverbände.. 85
  7.1 Die Methode Fokusgruppen... 85
  7.2 Einsatz von Fokusgruppen im Umweltbereich 86
  7.3 Schlussfolgerungen aus dem Projekt zur Methode Fokusgruppen............ 89
8. Zusammenfassung der Forschungsergebnisse und Anregungen 93
  8.1 Zusammenfassung ausgewählter Ergebnisse.. 93
  8.2 Anregungen für Umwelt- und Naturschutzverbände.................................. 99
  8.3 Anregungen für Akteure in Staat und Gesellschaft 106
9. Perspektiven 113
Literatur... 117
Anhang 1: Übersicht über die durchgeführten Fokusgruppen 129
Anhang 2: Die neun Schritte einer Fokusgruppe 131

Geleitwort

von Prof. Dr. Andreas Troge,
Präsident des Umweltbundesamtes

Im Rahmen unserer Repräsentativbefragung zum "Umweltbewusstsein in Deutschland 2004" wurden die Bürgerinnen und Bürger unter anderem auch nach ihrer Bereitschaft zum Engagement gefragt. Dabei bezeichneten sich 8,6% der Befragten als Mitglied einer Gruppe oder Organisation, die sich für die Erhaltung und den Schutz von Umwelt und Natur einsetzt. 25% hatten sich im letzten Jahr vor der Umfrage mit einer Geldspende engagiert, fast die Hälfte davon sogar mehrmals. Eine ehrenamtliche Tätigkeit übten zu der Zeit 17% der Befragten aus, wobei allerdings der Umwelt- und Naturschutz (inkl. Tierschutz) nur von 11% dieser Teilgruppe als Bereich genannt wurde, dem das Engagement gewidmet war.

Diese Zahlen machen deutlich: Im Vergleich mit anderen Themen schneiden die Belange der Umwelt bislang gerade in jenen Fällen bestenfalls mittelmäßig ab, in denen es um die praktische Mitarbeit geht. Die Kategorien "Soziales", "Kirche/Religion" sowie "Sport und Bewegung" wurden alle von etwa der doppelten Zahl der Bürgerinnen und Bürger als diejenigen Bereiche genannt, in denen ihr konkretes ehrenamtliches Engagement stattfindet.

Somit erweist sich der Umweltschutz als ein Feld des bürgerschaftlichen Engagements, das gewissermaßen 'im Prinzip' eine hohe öffentliche Unterstützung genießt, was durchaus auch formelle (aber inaktive) Mitgliedschaften in einschlägigen Verbänden oder gelegentliche Geldspenden mit umfassen kann. Die konkrete Beteiligung 'vor Ort', beispielsweise im Rahmen einer Lokalen Agenda 21-Initiative, ist dagegen noch auf ziemlich kleine Minderheiten beschränkt. Nur 16% der Befragten haben überhaupt schon einmal davon gehört, dass es in ihrer Gemeinde eine solche Initiative gibt. Daher verwundert es nicht, dass solche umweltpolitischen Handlungsbereiche wie die "Förderung von nachhaltigen Konsummustern" nur außerordentlich zäh vorankommen.

Aber: Im Rahmen der Umfrage wurden diejenigen Befragten, welche gemäß eigener Angaben noch kein Ehrenamt ausüben, zusätzlich gefragt: "Können Sie sich vorstellen, sich aktiv für den Umwelt- und Naturschutz zu engagieren, z. B. als ehrenamtlich Tätige(r) in einer Umwelt- oder Naturschutzgruppe oder auch durch Beteiligung an einzelnen Aktivitäten und Projekten?" Immerhin 33% haben das bejaht. Unter den Befragten mit höheren Bildungsgraden beträgt der einschlägige Anteil sogar 44%.

Es gibt somit eine erhebliche Diskrepanz zwischen dem potenziellen und dem heute tatsächlich realisierten bürgerschaftlichen Engagement im Umweltschutz: Nur rund 4% sind tatsächlich aktiv, aber ein Drittel der Befragten könnte es sich vorstellen, selber aktiv zu werden. Es gibt also noch beträchtliche Chancen, die genutzt werden können - und genutzt werden müssen, um die gewissermaßen noch brach liegende Engagementbereitschaft in der Bevölkerung für die Belange des Umweltschutzes fruchtbar zu machen.

Vor allem muss es dabei besser gelingen, eine "Kultur der Anerkennung" für bürgerschaftliches Engagement in Staat und Gesellschaft zu schaffen. Eine solche Empfehlung legte bereits die Enquete-Kommission "Zukunft des Bürgerschaftlichen Engagements" im Jahr 2002 als Hauptergebnis ihrer Arbeit vor. Diese Aufgabe können und sollen zukünftig nicht zuletzt die Umwelt- und Naturschutzverbände verstärkt wahrnehmen, für die Realisierung ihrer Ziele nutzen und weiterentwickeln.

Die Schaffung einer Kultur der Anerkennung freiwilligen Engagements, beispielsweise im Umweltschutz, ist eine Gemeinschaftsaufgabe von Staat und Verbänden. Das wird in dem Forschungsprojekt "Motivation in der Bevölkerung, sich für Umweltthemen zu engagieren - eine qualitative Studie mit Fokusgruppen", dessen wichtigste Ergebnisse in dem vorliegenden Band dargestellt werden, gut belegt.

Denn heute ist es oft noch so, dass sich für viele, im Prinzip engagementbereite Menschen aus dem Mangel an Anerkennung und Anleitung erhebliche Hemmnisse ergeben, ihr Interesse an Mitarbeit und Mitwirkung tatsächlich umzusetzen. Ein wichtiger Grund dafür ist, dass in Deutschland die gesellschaftlichen und auch rechtlichen Rahmenbedingungen (z. B. Vereins- und Steuerrecht, Versicherungsbedingungen) dem ehrenamtlichen Engagement meist nicht förderlich sind. Auch müssen die Umweltverbände noch einiges tun, um dem mit einem verstärkten Bürgerengagement einhergehenden Koordinierungs- und Fortbildungsbedarf gerecht zu werden. Daher ist es sehr zu begrüßen, dass Umweltverbände mittlerweile einschlägige Arbeitskreise zum Thema "Förderung des bürgerschaftlichen Engagements" einrichteten.

Damit die Umweltverbände die Herausforderungen zukünftig besser annehmen, sollten Staat und Gesellschaft die - in der vorliegenden Studie beschriebenen und analysierten - soziokulturellen Rahmenbedingungen für das ehrenamtliche Engagement günstiger gestalten. Weiterhin ist seitens des Staates sowie anderer gesellschaftlicher Akteure - und nicht zuletzt der Unternehmen - eine konkrete Verbesserung der Anerkennung von freiwilligem Engagement geboten. Dabei spielen sowohl die "symbolische" als auch monetäre und geldwerte Formen der Anerkennung eine Rolle.

Von besonderer Wichtigkeit für bürgerschaftlich Engagierte ist der Abbau von Bürokratiehürden und die Sicherung und der Ausbau des Angebotes von Freiwilligendiensten (z. B. das Freiwillige Ökologische Jahr). Dadurch ließen sich die vorhandenen Engagementpotenziale besser aktivieren.

Das ist auch schon deswegen dringend notwendig, da es - gemäß den Daten unserer oben genannten Umfrage zum Umweltbewusstsein - noch immer nicht hinreichend gelungen ist, den Umweltschutz als eine Chance für die fortschrittliche Zukunftsgestaltung darzustellen. Zwar sind sich die Fachleute spätestens seit der Etablierung des Nachhaltigkeitsleitbildes auf der Konferenz für Umwelt und Entwicklung in Rio de Janeiro im Jahre 1992 einig, dass ein solches Verständnis erforderlich ist.

Aber die Verbreitung dieses Leitbildes in die Bevölkerung und damit seine Verankerung in Gesellschaft und Kultur sind bis heute eine Schwachstelle der Umweltpolitik geblieben. Damit sieht sich die Umweltkommunikation erheblichen neuen Herausforderungen gegenüber. Diesen werden wir nur begegnen können, falls es zukünftig besser gelingt, eine Orientierung am Leitbild der Nachhaltigen Entwicklung als eine Aufgabe kooperativer Zukunftsgestaltung deutlich zu machen.

Dafür ist - nahe liegender Weise - das praktische bürgerschaftliche Engagement von ganz besonderer Wichtigkeit. Wie es gerade im Interesse solch genereller Anliegen zukünftig besser aktiviert werden könnte, dafür sind in dieser Studie viele Hinweise zu finden. In diesem Sinne wünsche ich eine anregende und fruchtbare Lektüre.

Aufgabenstellung und Kontext: Umweltengagement als Herausforderung für die aktive Bürgergesellschaft

Dr. Korinna Schack und Dr. Michael Wehrspaun[1]

Es kann heute als unumstritten gelten: Für die Zukunft der Umweltpolitik ist eine aktive Zivilgesellschaft von größter Bedeutung. Denn ohne die Mitwirkungsbereitschaft der Bevölkerung wird sich keine nachhaltige Entwicklung verwirklichen lassen.

Es müssen gesellschaftliche Lernprozesse angeregt werden, um innovative Entwicklungen zu ermöglichen, zum Beispiel die Ausbildung von nachhaltigen Konsummustern und Lebensstilen. Dabei geht es nicht zuletzt um ökologische Umorientierungen im Alltagsverhalten der Bürgerinnen und Bürger. Aber nicht nur das: Alle gesellschaftlichen Bereiche sind zur ökologischen Modernisierung als einem zentralen Baustein der nachhaltigen Entwicklung aufgefordert. Um diese Erneuerungen anzustoßen, bedarf es eines "Empowerment" der für den Umweltschutz wichtigen zivilgesellschaftlichen Akteure, die als Multiplikatoren in Kultur und Gesellschaft hineinwirken sollen.

Allerdings: Es ist in Deutschland eine relativ neue Erfahrung, dass der sinnvolle und zielbestimmte Umgang mit den - im Prinzip durchaus vorhandenen - Engagementbereitschaften der Bürgerinnen und Bürger selber als eine ebenso wichtige wie schwierige Gestaltungsaufgabe anzusehen ist. Die darauf bezogenen (neuen) politischen Leitbilder wie "Aktivierender Staat", "Gewährleistungsstaat" und "Partizipative Bürgergesellschaft" sind mittlerweile zwar auch in Deutschland parteiübergreifend etabliert. Ihre Umsetzung in die Alltagspraxis der Bürgerinnen und Bürger ist allerdings noch mit viel Reformbedarf verbunden.

Um die damit verbundene Herausforderung für Gesellschaft und Kultur wirklich verstehen zu können, müssen zunächst die aktuellen Rahmenbedingungen in Betracht gezogen werden. Das soll hier anhand zweier aktueller Stellungnahmen kurz angedeutet werden:

"Die Stärkung des bürgerschaftlichen Engagements ist in den letzten Jahren nicht nur in Deutschland zu einem wichtigen gesellschaftspolitischen Thema geworden. Die Ursachen dafür sind vielfältig und anhand folgender Beobachtungen zu charakterisieren:

- Nahezu alle sozialpolitisch engagierten Großorganisationen wie Wohlfahrtsverbände und Kirchen leiden seit Jahren an Mitgliederschwund und sind für die Erfüllung ihrer Aufgaben in erheblichem und teilweise zunehmendem Maße auf staatliche Zuwendungen angewiesen.

---

[1] Die Autorin und der Autor waren in Bundesumweltministerium bzw. Umweltbundesamt zuständige Fachbegleiter für das Projekt "Motivation in der Bevölkerung, sich für Umweltthemen zu engagieren - Eine qualitative Studie mit Fokusgruppen", dessen Hauptergebnis die vorliegende Studie darstellt.

- Gegen einen akuten Mitgliederschwund und finanzielle Auszehrung kämpfen auch die sich in der Arbeits- und Wirtschaftspolitik engagierenden Organisationen wie Gewerkschaften und Wirtschaftsverbände oder Parteien und drohen damit nicht nur ihre politische Handlungsfähigkeit, sondern auch ihre demokratische Legitimation zu verlieren.

- Gleichzeitig verändert sich die Rolle des Staates: mit wachsender Globalisierung, Verschiebungen in der Alters- und Bevölkerungsstruktur und zunehmender Komplexität der Lebensbezüge lässt sich das sozialstaatliche System nicht mehr wie bisher aufrecht erhalten, steigen die Ansprüche an staatliche Leistungen und erzwingen die Diskussion über das künftige Verhältnis von Bürger, Staat und Gesellschaft."[2]

Werden diese Rahmenbedingungen von Staat und Gesellschaft als Herausforderungen angenommen, ergeben sie die oben genannten Aufgaben der Aktivierung zivilgesellschaftlicher Potenziale und der Ermöglichung konkreter Mitgestaltung. Denn:

"Die Bürgergesellschaft lebt vom Engagement der Bürger in freiwillig selbstorganisierten Initiativen. Das Versagen von Staat und Markt in wesentlichen Bereichen lässt diese heute wichtiger erscheinen denn je. Nicht ihr Beitrag zur Erfüllung öffentlicher Aufgaben, nicht ihr Entlastungspotenzial für die öffentlichen Haushalte, d. h. nicht ihre Staatsnützigkeit, sondern ihr gesellschaftlicher Nutzen, ihr Integrationspotenzial, die Partizipation an der Gemeinschaft als Schule der Demokratie, der soziale Kitt, den sie der Gesellschaft bringen, dies sind die wesentlichen Gründe, warum dieser Bereich der Gesellschaft gestärkt werden muss. Man nennt ihn heute Zivilgesellschaft. Diese muss in die Lage versetzt werden, in eigener Handlungslogik in der Gesellschaft zu wirken und selbstermächtigt Aufgaben von hoher Priorität zu übernehmen. (Man denke nur: die Bekämpfung der Arbeitslosigkeit ist heute im Wesentlichen kein gemeinnütziger Zweck!)"[3]

In den Sozial- und Politikwissenschaften ist zu diesen Themen inzwischen ein neues Forschungsfeld entstanden, das meistens als "Governance"-Forschung bezeichnet wird.

Die - in diesen Zitaten beschriebene - zunehmende Wichtigkeit des bürgerschaftlichen Engagements und die - trotz der hohen Engagementbereitschaft - zunehmenden Schwierigkeiten, dafür aktivierbare Menschen zu finden, gelten auch für die Umweltverbände. Darüber hinaus gibt es in diesem Engagementbe-

---

[2] aus: Prognos AG: Unterstützung des freiwilligen bürgerschaftlichen Engagements - der Beitrag des Bundes bei der Gestaltung gesetzlicher und finanzieller Rahmenbedingungen, Forschungsauftrag Nr. 23/03 im Auftrag des Bundesfinanzministeriums, Kurzfassung vom 31.3.05, S. 1, www.prognos.com/data/d//news/1117616451.pdf, Zugriff 29.8.05.

[3] Aus: Newsletter DE MAECENATA, Juli 2005, S. 1.

reich noch weit darüber hinausgehende spezifische Probleme, welche im Kern folgende Wurzeln haben:

- Die unvermeidbare Allgemeinheit und Abstraktheit der Umwelt- und besonders der Nachhaltigkeitskommunikation macht es sehr viel schwieriger, die Menschen zu aktivieren als das beispielsweise im sozialen Bereich der Fall ist, wo es um leicht "fassbare" Aktivitäten wie etwa die Hilfe für Obdachlose geht oder gar im Sport, wo primär die Freizeitgestaltung und Gesundheitsförderung der Engagierten selber betroffen ist.

- Die eigene Geschichte der Verbände, vornehmlich ihre Herkunft aus der so genannten "Protestszene" der "Neuen Sozialen Bewegungen" mit einem oft antimodernistischem Hintergrund, führt gelegentlich zu einer gewissen Reserviertheit gegenüber Vorhaben und Aktivitäten, die als typisch "modern" gelten. Dazu gehören die Maßnahmen der "Ökologischen Modernisierung" etwa im Bereich Erneuerbare Energien, aber auch die Idee möglicher Partnerschaften mit der Wirtschaft und anderen von "Interessen" geleiteten Akteuren.

- Der geringe Organisationsgrad und besonders die starke Zersplitterung und Unübersichtlichkeit der "Umweltszene" verhindert es, dass die auf rund ein Drittel der Bevölkerung geschätzten potenziell Engagementbereiten tatsächlich aktiviert - und ihre konkrete Mitgestaltung ermöglicht - werden können.

Angesichts dieser Sachlage ist es von einem überragenden Bundes- und Ressortinteresse, sowohl die Verbesserungsmöglichkeiten des zivilgesellschaftlichen Engagements im Umweltbereich zu klären als auch eine Diskussion innerhalb der einschlägig Engagierten (und, soweit möglich, auch innerhalb der potenziell Engagementbereiten) darüber anzustoßen, wie dieses Engagement aktiviert werden kann.

Nicht zuletzt gehören dazu auch ganz wesentlich neue Finanzierungsquellen und -modalitäten. Denn so wie der Umweltschutz nicht einfach durch ein bloßes "Unterlassen" von (wirtschaftlichen und sozialen) Aktivitäten erreicht werden kann, bringt auch zivilgesellschaftliches Engagement nichts, wenn es nicht in eine "Ermöglichungsstruktur" (im Sinne eines "capabilities-Ansatzes") eingebunden ist.

Somit ergibt sich zunächst die Aufgabe, die Idee der 'Aktiven Bürgergesellschaft' in die einschlägige Verbände-, Initiativen- und Akteure-Szene zu tragen - mit dem übrigens durchaus willkommenen Nebeneffekt, dass damit für kooperative Formen der Umweltpolitik geworben werden kann. Außerdem kann damit auf eine neue Situation reagiert werden, denn: Die Bedingungen bürgerschaftlichen Engagements im Umwelt- und Naturschutzbereich haben sich in letzter Zeit erheblich verändert.

Teilweise sind dafür allgemeine (alltags-)kulturelle Umorientierungen im Bereich des bürgerschaftlichen Engagements verantwortlich zu machen. Diese lassen sich zu der Formel verdichten: Abkehr von der Bindung an Vereine, Verbände usw. und Hinwendung zu projektgebundenen, an konkreten Zielen ausgerichteten Engagementformen. Dieser Trend gilt als besonders ausgeprägt unter jüngeren Menschen.

Parallel dazu gibt es aber auch - im Zusammenhang mit dem öffentlichen Engagement relevante - Veränderungen in der Arbeit von Umweltverbänden. Diese ist nämlich mittlerweile zum Teil professionalisiert worden: Zunehmend werden bestimmte Aufgaben von der öffentlichen Hand an Verbände delegiert und von diesen einschlägige Leistungen erwartet (z.B. Kauf und Pflege von Naturschutzflächen, Durchführung von Bildungsmaßnahmen, Wahrnehmung von Verbandsklagerechten, Mitarbeit bei nationalen und internationalen Umweltpolitikprozessen usw.).

Weiterhin wird in letzter Zeit immer deutlicher, dass der Staat - angesichts der gegenwärtigen Haushaltslage - nur über beschränkte Möglichkeiten verfügt, den Verbänden aus öffentlichen Mitteln eine gesicherte kontinuierliche Unterstützung zu gewähren.

Daher ist es notwendig, die Verbände bei einer verbesserten Aktivierung und Umsetzung von zivilgesellschaftlichem Engagement zu unterstützen. Damit werden für die Verbände neue Möglichkeiten geschaffen, sich zu professionalisieren, um aus eigener Kraft die Infrastruktur aufzubauen, die sie für eine langfristige und kontinuierliche Arbeit benötigen. Wenn dies nicht gelingt, wird die gewünschte stärkere Einbindung der Verbände in öffentliche Aufgaben auf Dauer nicht möglich sein. Die Folge wäre, dass die Zivilgesellschaft in der Umweltpolitik weiter an Bedeutung verlieren würde, was mit sehr negativen Konsequenzen verbunden wäre.

Daher hat das Bundesumweltministerium (Referat ZG II 1) im Jahr 2002 einen "Fachbeirat Fundraising" eingerichtet. Die Mitglieder kamen vor allem aus dem Bereich der Verbände, aber auch spezialisierte Fundraising- und Publikationsexperten waren beteiligt, sowie das Bundesamt für Naturschutz und das Umweltbundesamt. Dieser Beirat hatte die Aufgabe, einige ausgewählte Projekte (im Rahmen der Verbändeförderung) fachlich zu begleiten. Die dabei erzielten Erkenntnisfortschritte wurden im Rahmen einer Veröffentlichungsreihe einer breiteren Öffentlichkeit zur Verfügung gestellt. Im März 2004 fand eine Abschluss-Konferenz dieses Beirates statt.

Im Kontext dieser Arbeit ergab sich die Notwendigkeit, differenzierte und sozialwissenschaftlich fundierte Informationen zu erheben über die Motivation in der Bevölkerung, sich für spezifische Umwelt- und Naturschutzthemen aktiv oder durch fördernde Unterstützung zu engagieren. Das war die Aufgabenstellung des F+E-Projektes "Motivation in der Bevölkerung, sich für Umweltthemen zu engagieren – Eine qualitative Studie mit Fokus-Gruppen", dessen Ergebnisse in der vorliegenden Studie dargestellt werden.

Weiterhin war es eine im Projekt zu leistende Aufgabe, einen Leitfaden zur Einführung in die Fokusgruppenmethode zu erstellen, um damit interessierten Organisationen ein Hilfsmittel an die Hand zu geben, selbständig mit dieser Methode arbeiten zu können. Dieser Leitfaden wird separat - unter www.umweltbundesamt.de - veröffentlicht werden.

Wir sind sicher, dass es gelungen ist, mit diesem Projekt einen wichtigen Beitrag zur Bewältigung der oben angesprochenen Probleme zu leisten und danken den Kolleginnen und Kollegen von der Auftragnehmerseite für Ihre große Leistungsbereitschaft und ihr nimmermüdes Engagement.

Gründe

"Weil das alles nicht hilft
Sie tun ja doch was sie wollen
Weil ich mir nicht nochmals
die Finger verbrennen will
Weil man nur lachen wird:
Auf dich haben sie gewartet
Und warum immer ich?
Keiner wird es mir danken
Weil da niemand mehr durchsieht
sondern höchstens noch mehr kaputtgeht
Weil jedes schlechte
vielleicht auch sein Gutes hat
Weil es Sache des Standpunktes ist
und überhaupt wem soll man glauben?
Weil auch bei den andern nur
mit Wasser gekocht wird
Weil ich das lieber
Berufeneren überlasse
Weil man nie weiß
wie einem das schaden kann
Weil sich die Mühe nicht lohnt
weil sie alle das gar nicht wert sind"
Das sind Todesursachen
zu schreiben auf unsere Gräber
die nicht gegraben werden
wenn das die Ursachen sind.

Erich Fried

Quelle: Erich Fried „und Vietnam und..."
Verlag Klaus Wagenbach, Berlin 1966

Einleitung

Unsere derzeitige Produktions- und Lebensweise richtet sich trotz mancher sozialer und ökologischer Errungenschaften noch immer am „American way of life" aus. Damit verbunden sind eine Übernutzung und Verschwendung von Ressourcen (insb. in den Bereichen Energie, Verkehr/Mobilität, Flächennutzung) sowie die aus unserer Produktionsweise resultierenden Emissionen (insb. Abgase, Giftmüll). Dies wird im kürzlich erschienenen Bericht „Europe 2005. The Ecological Footprint" des Global Footprint Network (GFN et al. 2005) eindrucksvoll und äußerst anschaulich beschrieben und mit Statistiken untermauert. Demnach verbrauchen wir Bürgerinnen und Bürger in Deutschland mehr als das Doppelte des uns „zustehenden" biosphärischen Kapitals dieses Planeten, die USA mehr als das Vierfache. Daher müssen wir gerade unsere alltäglichen, unhinterfragten und unreflektierten Normen von Umweltnutzung und -verbrauch für den dauerhaften Erhalt unseres Lebensraumes umgehend und radikal verändern.

Allerdings bedarf es dazu einer angemessenen Wahrnehmung der an Komplexität immer schwerer überschaubaren Gefahren und Risiken. Die Fähigkeit dazu hat sich zwar im Laufe des Zivilisationsprozesses nicht zuletzt aufgrund wissenschaftlich-technologischer Kapazitäten langsam weiterentwickelt. Doch demgegenüber werden im Zusammenhang mit der kapitalistischen Produktivkraftentwicklung und der dem Primat neoliberaler Globalisierung unterworfenen Verbreitung neuer Techniken und neuer Stoffe, und deren unüberschaubaren Folgen immense Risiken geschaffen und Systemgrenzen herausgefordert oder gar überschritten.

Nun sind gerade Umwelt- und Naturschutzverbände aller Erfahrung nach ein moderner Akteurstypus, der hinsichtlich der Früherkennung von Gefahren und ihrer Artikulation eine ganz zentrale Rolle spielt – nicht zuletzt aufgrund ihres hohen Ansehens und des Vertrauens, das ihnen in der Bevölkerung entgegengebracht wird. Und es ist diejenige Akteursgruppe, die immer wieder mit Nachdruck versucht, die dringend erforderlichen Veränderungen auch gegen mächtige Gegenspieler, wirkungsvolle Gewohnheiten oder gar konkrete Widerstände zu beschleunigen.

Umwelt- und Naturschutzverbände, aber auch politisch-administrative Akteure stehen durch den angedeuteten Handlungsdruck, den gesellschaftlichen Wandlungsprozess und vor allem wegen dessen dringend gebotener Gestaltung gemäß dem Leitbild der nachhaltigen Entwicklung vor immensen Herausforderungen: Aspekte wie bürgerschaftliches Engagement, zeitgemäße Finanzierung, Verantwortung des Staates, Sustainable Governance, Capacity Building, Qualifizierung, Umweltkommunikation, Gender Mainstreaming und Organisationsentwicklung seien hier beispielhaft als aktuelle Themen genannt.

In weiten Kreisen der Bevölkerung liegen – wie im Geleitwort und dem darauf folgenden Text bereits dargelegt – vielfältige Potenziale für umweltpolitisches

Engagement brach, wie anerkannte Umfrageergebnisse und Studien zeigen. Während aber das Engagement z.B. im sozialen Bereich recht hoch ist, beteiligt sich nur ein Bruchteil der insgesamt Engagierten an Naturschutz- und Umweltaktivitäten. Diese Potenziale gilt es zu aktivieren. Die zentrale Frage, die sich hierbei stellt, ist, wie das bürgerschaftliche Engagement in seiner ganzen Bandbreite stärker und gezielt gefördert und genutzt werden kann und wie entsprechende Rahmenbedingungen geschaffen werden können. Dass Menschen sich für Umwelt- und Naturschutzbelange engagieren, ist allerdings keineswegs „natürlich", sondern äußerst voraussetzungsvoll. Dabei sind vielfältige Umstände, Bedingungen und vor allem auch Motive zu berücksichtigen.

Das hier vorgestellte Forschungsprojekt des IZT setzte sich mit diesen Fragen auseinander, indem es die Bedingungen, Motive und Hemmnisse für bürgerschaftliches Engagement im Umwelt- und Naturschutzbereich aus Sicht unterschiedlicher Zielgruppen untersuchte, Erfahrungen aus anderen Ländern analysierte und daraus Empfehlungen für Verbände und staatliche und gesellschaftliche Rahmenbedingungen ableitet. Zahlreiche dieser Punkte wurden mit ausgewiesenen Expertinnen und Experten diskutiert – diesen sei an dieser Stelle nochmals herzlich für ihr Engagement gedankt – und bieten daher vielfältige konkrete Anknüpfungspunkte und Anregungen für eine fundierte innovative und zukunftsorientierte Praxis.

1. Projektkontext und Methode

1.1 Ziele und Forschungsfragen

Das hier vorgestellte Forschungsvorhaben "Motivation in der Bevölkerung, sich für Umweltthemen zu engagieren – Eine qualitative Studie mit Fokusgruppen" wurde im Auftrag des Umweltbundesamtes im Rahmen des Umweltforschungsplanes erstellt und mit Bundesmitteln finanziert.[4]

Ziel des Projekts war es, zu ermitteln, wie Umweltorganisationen und -verbände in die Lage versetzt werden können, die in der Gesellschaft feststellbaren Bereitschaften, sich für ökologische Belange zu engagieren, für ihre alltägliche Arbeit präzise zu erschließen und gezielt zu nutzen. Hierbei sollte vor allem untersucht werden, welche Chancen und Barrieren es für das ehrenamtliche Engagement im Umweltbereich gibt und was Umwelt- und Naturschutzverbände für eine Stärkung dieses Engagements tun können.

Im Vorhaben wurden folgende Forschungsfragen bearbeitet:

- Was motiviert Bürger und Bürgerinnen, sich für Umweltthemen zu engagieren?
- Welche Barrieren stehen einem Umweltengagement entgegen?
- Wie unterscheiden sich verschiedene Zielgruppen hinsichtlich ihres Engagements sowie ihres Engagementpotenzials für den Umwelt- und Naturschutz?
- Welche politischen/ staatlichen Rahmenbedingungen können das Umweltengagement in der Bevölkerung fördern?
- Was können Umwelt- und Naturschutzverbände dafür tun, Umweltengagement zu mobilisieren (Bereitschaft zur aktiven Mitwirkung, Spendenbereitschaft) und wie können die Kapazitäten und Kompetenzen der Verbände in diesem Bereich gestärkt werden?
- Wie können Umwelt- und Naturschutzverbände insbesondere die Methode Fokusgruppen nutzen, um ein besseres Verständnis ihrer Mitglieder sowie potenziell interessierter Zielgruppen zu bekommen und Grundlagen für ein erfolgreiches Fundraising zu entwickeln?

Ein wesentliches Teilziel bildete die Entwicklung eines Leitfadens für die Anwendung der Methode Fokusgruppen in Umwelt- und Naturschutzverbänden. Dabei stand die Frage im Mittelpunkt, wie die Verbände die Methode Fokusgruppen nutzen können, um ein besseres Verständnis ihrer Mitglieder sowie anderer strategisch wichtiger Zielgruppen zu erhalten und um Grundlagen für

---

[4] Förderkennzeichen 203 81 080/02; Laufzeit: Oktober 2003 bis Mai 2005

erfolgreiches Fundraising sowie eine erfolgreiche Gewinnung neuer Mitstreiter zu entwickeln.

1.2 Projektkontext

Das Projekt "Motivation in der Bevölkerung, sich für Umweltthemen zu engagieren – Eine qualitative Studie mit Fokusgruppen" war eng verbunden mit der Arbeit des Fachbeirats „Fundraising" des Bundesumweltministeriums und den in dessen Diskussionsumfeld entstandenen weiteren Studien und Publikationen. Der Fachbeirat, der sich aus Vertreterinnen und Vertretern von Umweltverbänden, Beratungseinrichtungen, Umweltbundesamt und Bundesamt für Naturschutz zusammensetzte, befasste sich mit Fragen der Finanzierung von Umwelt- und Naturschutzverbänden sowie mit der Frage, wie das ehrenamtliche Engagement im Umweltbereich stärker gefördert und unterstützt werden kann.

Einen Schwerpunkt der Tätigkeit des Fachbeirats bildete die Tagung am 4. März 2005, auf der die dreijährige Arbeit des Fachbeirats Fundraising bilanziert und Wege zur Mobilisierung und Förderung von bürgerschaftlichem Engagement in Umwelt- und Naturschutzverbänden aufgezeigt wurden. Die Ergebnisse der Tagung sind in der Broschüre „Umweltengagement im Aufbruch. Mit Erfahrung und neuen Impulsen in die Zukunft" dokumentiert (BMU 2005).

Wichtiges Ergebnis der Arbeit im Fachbeirat (und zentraler Input für die Tagung) war des weiteren die Erarbeitung eines gemeinsamen Positionspapiers zur Förderung des Umweltengagements (siehe Göll et al. 2005c).

Die Arbeiten des Fachbeirates - insbesondere die Aussagen und Einschätzungen der Fachbeiratsmitglieder, das Positionspapier und die Ergebnisse aus der Bilanztagung - flossen mit in das IZT-Projekt ein und bildeten so zusammen mit den durchgeführten Erhebungen die Grundlage für die im Projekt abgeleiteten Ergebnisse, Ansatzpunkte und Perspektiven.

Die Ergebnisse des Projekts sind in mehreren Berichten festgehalten:

- das vorliegende Buch der IZT-Reihe „ZukunftsStudien" mit dem Titel „Mobilisierung von Engagement und weiteren Ressourcen für Umwelt- und Naturschutz";
- Projektverlaufsbericht: „Motivation in der Bevölkerung, sich für Umweltthemen zu engagieren. Bericht zum Projektverlauf" (Göll et al. 2005c);
- Leitfaden: „Die Fokusgruppen-Methode: Zielgruppen erkennen und Motive aufdecken. Ein Leitfaden für Umwelt- und Naturschutzorganisationen" (Göll et al. 2005b);

1.3 Methodik und Vorgehen im Forschungsvorhaben

Für die Bearbeitung der Projektziele und Forschungsfragen wurde ein Mix aus verschiedenen Methoden gewählt. Dabei standen qualitative Verfahren im Vordergrund, die jedoch durch einen quantitativen Baustein ergänzt wurden. Der Methodenmix umfasste eine Literaturanalyse des Wissens- und Forschungsstandes, die Durchführung von Experteninterviews und eines ExpertInnen-Workshops, eine internationale Best-Practice-Analyse, die Durchführung von Fokusgruppen, das Einbringen eines Fragenblocks in die Repräsentativ-Erhebung „Umweltbewusstsein in Deutschland 2004" und schließlich die Durchführung einer Bilanztagung.[5]

Analyse des Wissens- und Forschungstandes

Im Rahmen dieses Arbeitsschrittes wurden existierende Ergebnisse aus der Forschung zu bürgerschaftlichem Engagement, Umweltengagement, Fundraising und Umweltkommunikation sowie der diesbezügliche Erfahrungs- und Wissensstand in einigen der größeren deutschen Umwelt- und Naturschutzverbände ermittelt und zusammengefasst.

Experteninterviews

Des Weiteren wurden im Projekt neun Experteninterviews mit Vertretern und Vertreterinnen aus Umweltorganisationen, Wissenschaft, Fundraising und Ehrenamtsmanagement durchgeführt. Ziel des Arbeitsschrittes war es, die in der Analyse des Forschungsstands gewonnenen Erkenntnisse zu Fundraising, Zusammensetzung der Mitglieder in den Verbänden, bisherigen Strategien des Fundraisings und der Mobilisierung ehrenamtlicher Mitarbeiter sowie zu förderlichen und hemmenden Faktoren für das Umweltengagement zu vertiefen. Darüber hinaus sollten Hinweise und Anregungen für die Durchführung der Fokusgruppen gewonnen werden.

Internationale Best-Practice-Analyse

Mittels einer internationalen Best-Practice-Analyse wurden erfolgreich erscheinende Ansätze zur Mobilisierung von bürgerschaftlichem Engagement aus anderen Ländern erfasst und untersucht. Im Vordergrund stand dabei die Frage, welche Ansätze zur Mobilisierung von Bürgerinnen und Bürgern innerhalb der Verbände angewendet werden und welche staatlichen/ politischen Rahmenbedingungen bürgerschaftliches Engagement fördern und Umwelt- und Naturschutzverbände stärken können. Dies erfolgte mittels Literatur- und Internetrecherchen und darüber hinaus wurden teilweise konkrete E-Mail Anfragen und Telefonate mit besonders relevanten Institutionen und Akteuren in den untersuchten Staaten durchgeführt.

Im Rahmen der Best-Practice-Analyse wurden Verbände, Initiativen und staatliche Maßnahmen in ausgewählten Ländern (USA, Kanada, Großbritannien, Niederlande, skandinavische Länder) untersucht und ausgewertet.

---

[5] Eine ausführliche Beschreibung der einzelnen methodischen Elemente ist im separaten Projektverlaufsbericht dargelegt (siehe Göll et al. 2005c; die Veröffentlichung wird als Download unter www.umweltbundesamt.de eingestellt).

Fokusgruppen

Im Laufe des Projekts wurden acht Fokusgruppen mit unterschiedlichen Zielgruppen durchgeführt (zur Methode Fokusgruppen vergleiche Kapitel 7).[6] Die Fokusgruppen sollten Aufschluss darüber geben,

- was Bürgerinnen und Bürger dazu motiviert, sich für Umweltthemen zu engagieren und welche Barrieren einem Umweltengagement entgegenstehen;
- wie sich unterschiedliche Zielgruppen hinsichtlich ihres Umweltengagements bzw. ihres Engagementpotenzials (auch hinsichtlich der Art des Engagements) unterscheiden;
- welche Mittel und Rahmenbedingungen das Umweltengagement fördern und Engagementpotenziale aktivieren können;
- ob die Methode Fokusgruppen als Instrument für den Einsatz in und von Umweltorganisationen geeignet ist und wie die Methode hierfür angepasst werden müsste.

Die zentrale Aufgabe des Arbeitsschrittes bestand darin, grundlegende Erkenntnisse zu liefern für die Entwicklung von Strategien und Konzepten für eine Stärkung des Umweltengagements im weiteren Sinne (Aktivierung von ehrenamtlichem Engagement sowie Spenden- und Mitgliederwerbung).

In den acht Fokusgruppen wurden folgende Zielgruppen[7] befragt:

- *Passive Mitglieder von Umwelt- und Naturschutzorganisationen* (Personen, die einen regelmäßigen Mitgliedsbeitrag zahlen und/oder regelmäßig spenden, aber nicht ehrenamtlich im Umweltbereich tätig sind);
- *Potenziell an ehrenamtlicher Arbeit im Umweltbereich Interessierte* (Personen, die sich vorstellen können im Umweltbereich ehrenamtlich aktiv zu werden, bisher ein solches Engagement aber noch nicht ausüben);
- *Neue Ehrenamtliche* (Personen, die punktuell und projektbezogen ehrenamtlich engagiert sind, oft zeitlich befristet und möglicherweise bei unterschiedlichen Organisationen und Projekten);

---

[6] Das genaue Vorgehen bei der Durchführung der Fokusgruppen, die konkreten methodischen Überlegungen und organisatorischen Erwägungen sind vom Autorenteam im Projektverlaufsbericht detailliert dokumentiert (Göll et al. 2005c). Der im Projekt entwickelte Leitfaden zur Fokusgruppen-Methode liefert Hinweise für die eigenständige Vorbereitung und Durchführung von Fokusgruppen-Projekten (Göll et al. 2005b).

[7] Da bereits mehrere Studien vorliegen, die sich mit Motivationen und Hemmnissen für ehrenamtliches Engagement aus Sicht der ehrenamtlich Tätigen innerhalb von Umweltorganisationen beschäftigen[7] (siehe z.B. Haack 2003, Sanders 2004, Mitlacher/Schulte 2005), wurde diese Gruppe im aktuellen Projekt nicht noch einmal untersucht.

- *Uninteressierte/ Uninformierte* (Personen, die kein explizites Interesse am Thema Umwelt haben und nicht im Umweltbereich ehrenamtlich tätig sind).

Eine Übersicht über die im Projekt durchgeführten Fokusgruppen findet sich im Anhang.

Expertenworkshop

Die in den Fokusgruppen erzielten Ergebnisse wurden in einem Expertenworkshop vorgestellt und eingehend diskutiert. Vertreten waren dabei Experten aus Umweltverbänden, Wissenschaft, Institutionen und Netzwerken im Bereich Fundraising und bürgerschaftliches Engagement sowie aus Bereichen des sozialen Engagements.

Repräsentativerhebung

Um die Ergebnisse aus den Fokusgruppen zu überprüfen und zu quantifizieren, wurde in Zusammenarbeit mit dem zuständigen Institut ein Fragenblock zum bürgerschaftlichen Engagement in die Erhebung „Umweltbewusstsein in Deutschland 2004" eingespeist.[8] Damit wurden erstmals Fragen eingestellt zum Umfang des bürgerschaftlichen Engagements und des Umweltengagements in Deutschland, zur Engagementbereitschaft, sowie zu den Motiven und Hemmnissen für ein Engagement.

Bilanztagung

Die Ergebnisse des IZT-Forschungsvorhabens "Motivation in der Bevölkerung" sowie die anderen im Umfeld des Fachbeirates „Fundraising" entstandenen Studien und Projekte wurden im Frühjahr 2005 im Rahmen einer „Bilanztagung" vor- und zur Diskussion gestellt. Hierzu erschien auch eine Broschüre des BMU (BMU 2005).

---

[8] Institut für Erziehungswissenschaft der Philipps-Universität Marburg, Prof. Kuckartz, siehe BMU/ UBA 2004.

2. Umweltengagement in sozialwissenschaftlichen Diskursen

2.1 Begriffliche Einordnung von „Umweltengagement"

Für das Themenfeld Ehrenamt/ Freiwilligenarbeit werden sowohl in der wissenschaftlichen Literatur als auch in Praxiszusammenhängen unterschiedliche Begriffe verwendet. So wird u.a. häufig von „ehrenamtlichem Engagement", von „bürgerschaftlichem Engagement" sowie von „freiwilligem Engagement" gesprochen.[9] Im Kontext des Fachbeirates „Fundraising" des Bundesumweltministeriums und in dessen Diskussionszusammenhang hat sich nicht zuletzt aufgrund der praxisnahen Zielorientierung ein weites Verständnis von Engagement herausgebildet. Der Fachbeirat bezieht sich damit auf die von der Enquete-Kommission "Zukunft des Bürgerschaftlichen Engagements" verwendete Sichtweise, die neben dem traditionellen Verständnis der freiwilligen regelmäßigen Tätigkeit einer Person in einem Verband bzw. Organisation, auch Zivilcourage, Spenden, Fördermitgliedschaft, Kooperationsfähigkeit, die Beteiligung an einer Bürgerstiftung oder im Unternehmensbereich „Corporate Citizenship" als Formen des gemeinwohlorientierten Engagements einschließt (vgl. Enquete-Kommission 2002, S.4).

An dieses Verständnis anknüpfend bezieht sich das vorliegende Projekt auf **Umweltengagement im weiteren Sinne**. Das heißt kurzgefasst, in der Untersuchung wurde nicht nur das ehrenamtliche Engagement sondern auch die finanzielle Unterstützung von Umweltorganisationen durch Mitgliedschaft oder Spenden untersucht (also die Mobilisierung von unterschiedlichen Typen von Ressourcen). Im Projekt wird der Begriff „ehrenamtliches Engagement" dort verwendet, wo es explizit um die freiwillige und unbezahlte Bereitstellung von Zeit und Know-how im gemeinnützigen Bereich geht, um diese Form des Engagements von der finanziellen Unterstützung abzugrenzen.

Die umfassende Sichtweise, die dieser Studie zugrunde liegt, basiert darauf, dass auch Umwelt- und Naturschutzverbände auf den Input unterschiedlicher Arten von Ressourcen angewiesen sind und mehr oder weniger gezielt und systematisch versuchen, diese für ihre Arbeit zu verorten und zu mobilisieren. Das folgende Spektrum von Verhaltensweisen in Bezug auf Umwelt- oder Naturschutzverbände wird daher als „Engagement" angesehen:[10]

---

[9] Siehe das Freiwilligensurvey und dazu auch die dort erläuterten Differenzen zwischen den verschiedenen Begriffen und den damit verbundenen Konzepten und Voraussetzungen (BMFSFJ 2001, S. 16 ff). Im Kontext des „International Year of Volunteers 2001" wurde die folgende Definition vorgeschlagen: „Definition of Volunteering: time and effort that is freely (not forced and no paid) placed within non-governmental and public organisations by individuals." (http://www.iyv-2001.org/)

[10] Sowohl Verhaltensweisen im persönlichen Umfeld/Bereich (ökologische Haushaltsführung, nachhaltiger Konsum und nachhaltiges Freizeitverhalten) als auch parteipolitisches oder anderes gesellschaftliches Engagement mit engem Bezug zu ökologischen Zielstellungen wurden

- passive Mitgliedschaft
- Fördermitgliedschaft[11]
- einmalige oder vereinzelte Spendenzahlungen
- Dauerspenden
- Nachlassspende
- Teilnahme an Einzelaktivitäten (z.B. Unterschriftensammlung, Veranstaltung)
- inhaltliche oder praktische Arbeit in befristeten Projekten
- Kontinuierliche ehrenamtliche Mitarbeit (z.B. in den Bereichen Vereinstätigkeiten, praktischer Natur- und Umweltschutz, Büroarbeit, Management- und Vorstandstätigkeiten, Öffentlichkeitsarbeit, Lobbying)

Speziell für die in unseren (post)modernen Gesellschaften wirkenden sozialen Bewegungen – und damit auch für Umweltorganisationen – ist festgestellt worden, welch hohe Bedeutung für das Engagement die individuelle Ebene und ihre soziale Einbettung hat.

Hierfür hat Melucci innerhalb seines Ansatzes über den „process of individuation" formuliert: „Soziale Aktionen, ökonomische Investitionen und Formen von Beherrschung werden zunehmend auf der individuellen Ebene zum Ausdruck gebracht; damit erfolgt sozusagen ein Transfer der Struktur der Gesellschaft auf die individuelle Ebene. Individuen sind mit Ressourcen ausgestattet, die sie innerhalb gewisser Beschränkungen im Bereich ihres individuellen Lebens anwenden. Der Filter intermediärer Strukturen wie z.B. Staat, Partei, Familie und Interessengruppen verliert an Wichtigkeit, und die Individuen sind nun dem sozialen Druck aber auch den Möglichkeiten und Chancen für Aktionen direkter ausgesetzt." (Melucci 1996b:146; eigene Übersetzung) Mit der Bedeutungszunahme des Individuellen im Zusammenhang mit gesellschaftlichem Engagement weist er zugleich auf die gestiegene und vermutlich weiter steigende Relevanz körperlicher und emotionaler Aspekte hin (Melucci 1996a und Melucci 1996b). Ähnlich argumentiert Jasper 1997, wenn er für soziale Bewegungen und persönliches Engagement kulturelle Aspekte, biografische Faktoren und Kreativität als besonders wichtige Determinanten erklärt (z.B. S.330f.). Dies hat sich, das bereits kurz angemerkt, in den von uns durchgeführten Fokusgruppen bestätigt.

---

nicht explizit einbezogen, um den Untersuchungsfokus nicht zu groß werden zu lassen und den direkten, nachvollziehbaren Bezug zu Umwelt- und Naturschutzorganisationen zu wahren.

[11] Bezeichnet eine Form der Mitgliedschaft, die über die normale Mitgliedschaft hinaus geht, z.B. indem ein höherer Beitragssatz gezahlt wird.

Freiwilliges Engagement ist höchst voraussetzungsvoll und muss in vielerlei Hinsichten organisiert werden, wenn es von vielen Menschen praktiziert werden soll. Dies ist in sozial- und politikwissenschaftlichen Konzeptionen wie denen über „Gelegenheitsstrukturen" (opportunity structures) und Sozialkapital (social capital) ausführlich beschrieben und analysiert worden (siehe dazu Gabriel et al. 2002, Putnam 2000, Bourdieu 1992).

Bei allen Unterschieden zwischen den erwähnten Formen von Engagement im bzw. für den Umwelt- und Naturschutzbereich kann hier festgehalten werden, dass sie alle für ihre zielgerichtete Verstärkung und Förderung recht ähnlicher Haltungen und Maßnahmen durch die interessierten Organisationen/Institutionen bedürfen. Daher wird in diesem Bericht nur dort explizit zwischen den Engagementformen unterschieden, wo sich abweichende Potenziale, Sichtweisen, Einschätzungen oder Bereitschaften vermuten lassen oder gar empirisch zeigen.

2.2 Konzeptionelle Erkenntnisse aus den Sozialwissenschaften

Für die Bearbeitung des Vorhabens wurde unmittelbar an ausgewählte Erkenntnisse der Sozialwissenschaften angeknüpft, die menschliches Handeln in dessen Genese und kontextuellen Bezügen beschreiben und analysieren. Vor allem bei der Ausgestaltung der Fokusgruppen ist genaues Differenzieren erforderlich, denn bei ihnen geht es ja um bewusst und genau ausgewählte Zielgruppen und Fragen. Zu berücksichtigen sind zum einen die unterschiedlichen Voraussetzungen und Dimensionen sozialen Handelns, zum anderen die verschiedenen Formen von freiwilligem Engagement – und deren Verknüpfung.

Hinsichtlich der unterschiedlichen Aspekte sozialen Handelns wurde Wert darauf gelegt, die individuellen, strukturell-kontextuellen, situativen, ethisch-moralischen, kognitiven und auch emotionalen Dimensionen zu berücksichtigen (siehe z.B. Joas 1992, Göll 1994, Goleman 2001). Bei den sozialstrukturellen Dimensionen wurden Aspekte wie Gender, Bildung, Milieu und Alter aufgrund ihrer besonderen Relevanz ebenfalls explizit berücksichtigt. Im Folgenden werden Erkenntnisse der sozialwissenschaftlichen Umweltforschung sowie aus den Forschungen über bürgerschaftliches Engagement vorgestellt.

Im Bereich der sozialwissenschaftliche Umweltforschung zeigen vor allem die Ergebnisse der Befragungen zum Umweltbewusstsein immer wieder, dass die Einstellungen der deutschen Bevölkerung insgesamt sehr positiv sind, und hier nach wie vor eine hohe Sensibilität für Umweltthemen existiert.[12] Wie bereits in verschiedenen früheren, insbesondere umweltpsychologischen Studien festgestellt wurde, besteht jedoch eine erhebliche Diskrepanz zwischen Umweltbe-

---

[12] Auch die generelle Bereitschaft, für weniger umweltbelastende Produkte höhere Preise zu zahlen oder sogar Abstriche vom Lebensstandard für einen verbesserten Umweltschutz zu akzeptieren ist groß. Siehe z.B. BMU/ UBA 2002, BMU/ UBA 2004.

wusstsein und Umweltverhalten (z.B. Sohr 1997). Mit der Frage, wie Umweltverhalten und Umweltengagement gezielt gefördert und wie die Diskrepanz zwischen Umweltbewusstsein und Umweltverhalten verringert werden kann, beschäftigen sich verschiedene Ansätze im Bereich der sozialwissenschaftlichen Umweltforschung.[13]

Ausgewählte wesentliche Schlussfolgerungen aus einigen dieser früheren Untersuchungen sind im Folgenden zusammengefasst:

Bei der Entwicklung von Strategien und Konzepten zur Förderung umweltgerechten Verhaltens muss der Pluralität der Lebensstile Rechnung getragen werden. Strategien im Bereich der Umweltkommunikation und der Verbraucheransprache sollten daher zielgruppenspezifisch gestaltet sein (vgl. Empacher et al. 2000) und sich an den spezifischen Lebensbedingungen, Wünschen und Bedürfnissen der unterschiedlichen Bevölkerungsgruppen orientieren.

Bei der Entwicklung von Handlungsanreizen für umweltgerechtes Verhalten sollte gleichzeitig auf die unmittelbaren positiven Aspekte umweltfreundlichen Verhaltens hingewiesen werden (als unmittelbare Einflussmöglichkeit: „to make a difference").

Grundlage für Verhaltensänderungen sind nicht etwa einzelne Motive, sondern eine Kombination von Motiven. Individuelle Verhaltensänderungen ereignen sich darüber hinaus häufig in Umbruchsituationen und an biographischen Wendepunkten wie Umzug, Geburt eines Kindes, persönliche Krise etc. (Scherhorn 2001).

Bürgerinnen und Bürger benötigen unmittelbar im Alltag erfahrbare Vorteile des nachhaltigen Konsums bzw. umweltgerechten Verhaltens (z.B. Zeit- und Geldersparnisse, Gesundheits- und Sicherheitsaspekte, Konsum als lustvoll-sinnlicher Akt). Als besonders erfolgreich erweist sich daher die gleichzeitige Ansprache mehrerer Motive der Verbraucher („Motiv-Allianzen").

Neuere Untersuchungen zeigen, dass Aufklärung und Beratung zwar wichtig, aber nicht hinreichend sind. Ausschließlich kognitiv orientierte Strategien der Ansprache greifen offensichtlich nicht tief genug.

Umweltverhalten wird maßgeblich mitbeeinflusst durch emotionale und ästhetische Faktoren. Darauf sollte auch besonderes Augenmerk gelegt werden (vgl. Agenda-Transfer 2003; Preuss 1991 und Schulze 1997). Zudem beeinflussen

---

[13] Hier seien angeführt u.a. Untersuchungen aus der Lebensstilforschung (vgl. Empacher et al. 2000; Brand et al. 1997; Prose et al. 1997; Gillwald 1996), Umweltbewusstseinsforschung (vgl. BMU/UBA 2000; Preisendörfer 2000; Spiller 1999), Umweltkommunikation (vgl. Michelsen 2000; Braun 2001; Brand et al. 1997), Social Marketing bzw. Ökologisches Marketing (vgl. Villiger et al. 2000; Bodenstein et al. 1998; Hehner et al. 1997), Forschungen zur Nachhaltigen Entwicklung und zu Lokaler Agenda 21 (Göll/Nolting/Rist 2004 und Göll 2003).

Gefühlslagen und Emotionen individuelle Verhaltensdispositionen (Goleman 2001, Hosang et al. 2005).

Im Kontext der Forschung über Direkte Demokratie wird hervorgehoben, dass nicht- bzw. anders-rationale Motive und Folgen für und von Engagement zu beobachten sind. So fanden die Züricher Ökonomen Bruno S. Frey und Alois Stutzer in einer Analyse der 26 Schweizer Kantone heraus, dass die Zufriedenheit der Bevölkerung besonders hoch ist, wenn die Bürger sich direkt und häufig an politischen Prozessen beteiligen können. Ihr Fazit lautet: "Direkte Demokratie macht glücklich." und „Je direkter und demokratischer die Mitbestimmungsmöglichkeiten sind, desto zufriedener sind die Leute."[14]

In der Forschung über politisches bzw. gesellschaftliches Engagement wird hervorgehoben, dass unterschiedliche Merkmalskonstellationen mit höherer Wahrscheinlichkeit zu bestimmten Formen des Engagements führen können als andere. Zu diesen Merkmalen zählen u.a. Persönlichkeitsstrukturen, soziale Netzwerke und Gelegenheitsstrukturen (vgl. bspw. Fischer 2002; Rudolf/ Zeller 2001).

Praxis und Forschung zum Umweltengagement von BürgerInnen haben im Zusammenhang mit den unterschiedlichen Aktivitäten in Richtung Nachhaltigkeit – v.a. der Lokalen Agenda 21 – zusätzliche Impulse erhalten. Neue Ansätze wurden bspw. durch die Verknüpfung ökologischer Problemstellungen mit sozialen oder kulturellen Aspekten eröffnet. Auch hierzu liegen Erkenntnisse vor (vgl. Wehrspaun/ Wehrspaun 2003; Göll/ Nolting/ Rist 2004, Brand 2002).

2.3 Bürgerschaftliches Engagement

Um Bürgerschaftliches Engagement in Deutschland zu befördern und diesbezüglich ein politisches Signal zu setzen, hat der Deutsche Bundestag in seiner 14. Wahlperiode die Enquete-Kommission "Zukunft des Bürgerschaftlichen Engagements" eingesetzt, die im Jahre 2002 einen viel beachteten Bericht vorgelegt hat, der bereits zu zahlreichen positiven und konkreten Schritten geführt hat (Enquete-Kommission 2002).

Hinsichtlich einer umfassenden Erhöhung des Engagements formulierte die Enquete-Kommission u.a. folgende Empfehlungen:

- Verbesserung der politischen Rahmenbedingungen: hier ist von einem *"ermöglichendem Staat"* die Rede, der bürokratische Hürden der Beteiligung abbaut, die eigenverantwortliche Übernahme gesellschaftlicher Aufgaben seitens der BürgerInnen und Organisationen gewährleistet und somit einen

---

[14] Siehe http://emagazine.credit-suisse.com/article/index2.cfm?fuseaction. Auch in der jüngst aufkommenden „Glücksforschung" werden Motivlagen thematisiert, die jenseits enger rationaler oder egoistischer Kalküle liegen (z.B. Layard 2005, Rohrbeck 2005).

Raum schafft, der einer Herausbildung bürgerschaftlicher Tugenden und Kompetenzen zuträglich ist.

- Herausragende Bedeutung wird der Etablierung einer umfassenden *„Kultur der Anerkennung"* beigemessen, innerhalb derer bürgerschaftliches Engagement auf breiter politischer und gesellschaftlicher Basis eine Würdigung und Ermutigung erfährt. Der Begriff „Anerkennung" wird hier sehr weit gefasst. Zu einer Kultur der Anerkennung gehören demnach sowohl die Schaffung von Instrumenten zur symbolischen Anerkennung (z.B. Ehrungen und Auszeichnungen), die Schaffung von Öffentlichkeit für bürgerschaftliches Engagement (z.B. durch die Medien) als auch die Stärkung von Mitbestimmungsmöglichkeiten für Ehrenamtliche in den Organisationen, Qualifikation und Weiterbildungsmaßnahmen für Ehrenamtliche und andere fördernde Instrumente.

- Als wesentlich wird weiterhin erachtet, dass sich Organisationen beteiligungsorientiert ausrichten und die Mitbestimmung der Engagierten in den sie betreffenden Planungs- und Entscheidungsprozessen gewährleisten. Notwendig ist diesbezüglich eine Verankerung dieser Grundsätze im Leitbild der Organisation. Grundlage hierfür bildet insgesamt die Bereitschaft, sich als *"Lernende Organisation"* zu verstehen und im Rahmen der eigenen Organisationsentwicklung bürgerschaftliches Engagement als systematischen Bestandteil zu verankern.

- Bürgerschaftliches Engagement sollte von Staat, Institutionen, Gesellschaft und Organisationen als Querschnittsaufgabe verstanden werden. Hier empfiehlt sich die Schaffung von geeigneten Infrastrukturen, wie z.B. die Bildung von organisations- und institutionsübergreifenden Netzwerken.

Auch im Freiwilligensurvey (BMFSFJ 2001) werden zentrale Aspekte genannt, die für die Förderung von freiwilligem Engagement besonders wichtig sind:

- Hier wird die Verbesserung der Anerkennung von freiwilligem Engagement ebenfalls als eine der zentralen Aufgaben genannt; und zwar hinsichtlich der symbolischen Anerkennung und gesellschaftlichen Aufmerksamkeit einerseits, und der rechtlichen und materiellen Anerkennung und Förderung andererseits. Ansätze müssten daher von besserer (angemessenerer) Berichterstattung durch die Medien bis hin zu Aufwandsentschädigungen, steuerlicher Absetzbarkeit, Versicherungsschutz, Anerkennung als berufliches Praktikum etc. reichen.

- Es sollten bessere Informations- und Beratungsmöglichkeiten über Gelegenheiten zu ehrenamtlichem Engagement geschaffen werden. Bisher gibt es hierzu in Deutschland einen deutlichen Mangel. Benötigt wird eine ausreichend dichte, auf kommunaler Ebene angesiedelte „Infrastruktur" von Informations- und Kontaktstellen.

- Als weitere wesentliche Aufgabe wird auch hier die Schaffung von attraktiven Weiterbildungsangeboten für Ehrenamtliche genannt.
- Innerhalb der Organisationen ist eine Kultur der Freiwilligkeit zu entwickeln. Insbesondere sollte das Verhältnis zwischen Hauptamtlichen und Freiwilligen in den Organisationen verbessert werden. Freiwillige müssen durch Hauptamtliche mehr Anerkennung erfahren, Selbstverantwortung und Partizipationsmöglichkeiten der Freiwilligen müssen gestärkt werden.
- Es ist notwendig, eine aktive strategische und systematische Ehrenamtsarbeit („Volunteer Policy") in den Organisationen zu entwickeln und beizubehalten.
- Es sollten Strategien zur Aktivierung bisher unterrepräsentierter Bevölkerungsgruppen (Frauen, Jüngere, Einkommensschwache) für das Ehrenamt entwickelt werden, da insbesondere in den bisher unterrepräsentierten Bevölkerungsgruppen große Potenziale für ehrenamtliches Engagement bestehen.

Mit der Frage, welche Maßnahmen für eine Stärkung des bürgerschaftlichen Engagements besonders wichtig sind, beschäftigte sich auch eine Online-Befragung von „Aktive Bürgerschaft e.V." Hier wurde die Frage gestellt: „Was ist am wichtigsten für die Stärkung von Bürgerengagement in Deutschland?"[15] Für die Stärkung von Bürgerengagement in Deutschland werden demnach die folgenden Maßnahmen in deutlich unterschiedlicher Gewichtung[16] als relevant erachtet:

- eigenes Management und Organisation verbessern: 35.7 Prozent;
- mehr private Spenden und Stiftungen: 21.4 Prozent;
- mehr öffentliche Anerkennung: 20.6 Prozent;
- Rahmenbedingen wie Zuwendungsrecht, Versicherungsschutz usw. optimieren: 14.3 Prozent;
- größere Vernetzung untereinander: 4.8 Prozent;

---

[15] Siehe Newsletter AKTIVE BÜRGERSCHAFT, Ausgabe 32, 30. Juli 2004, ca. 2.500 Abonnenten, 126 davon beantworteten die Frage; http://www.aktive-buergerschaft.de/vab/old_polls.php. Der Verein Aktive Bürgerschaft versteht sich als Kompetenzzentrum für Praxis und Theorie bürgerschaftlichen Engagements und setzt sich seit 1997 als privater und überparteilicher Verein bundesweit für die Stärkung von Ehrenamt und gemeinnützigen Organisationen, Corporate Citizenship und Bürgergesellschaft ein.

[16] Aufgrund der geringen und nicht-repräsentativen Auswahl der Beteiligten an einer solchen Umfrage können diese Ergebnisse nur als ein spezifischer Ausschnitt für die Innovationsmöglichkeiten zur Verbesserung von ehrenamtlichem Engagement im Umwelt- und Naturschutzbereich angesehen werden. Gleichwohl wurden damit Aspekte thematisiert, die auch im Rahmen der hier vorgestellten Studie und anderer Forschungsergebnisse – wenngleich in teilweise anderer Gewichtung – bestätigt werden.

- mehr öffentliche Zuwendungen durch Kommunen und Länder bzw. Bund: 3.2 Prozent.

Zahlreiche weitere Studien über diese Thematik liefern u.a. Hinweise und Erklärungen zu Bereitschaft und Motiven, sich zu engagieren (Sanders 2004, Haack 2003, Ueltzhöffer et al. 1995), zu Themen und Bereichen, die den Einstieg in Engagement und Ehrenamt ermöglichen oder erleichtern und zu den Unterschieden, die verschiedene soziale Milieus beim bürgerschaftlichem Engagement aufweisen (Ueltzhöffer 2000).

Ein wesentliches Ergebnis aus diesen Untersuchungen ist die Feststellung, dass viele Engagementformen dazu neigen, sich gegenüber anderen abzugrenzen. Jugendinitiativen halten es beispielsweise für selbstverständlich, unter sich zu sein, klagen aber gleichzeitig darüber, von Älteren nicht wahrgenommen zu werden – und vice versa. Auch bei anderen Organisationen lässt sich eine Tendenz zu wechselseitiger Abgrenzung, Fragmentierung und Kommunikationsabwehr beobachten („in-group"-Verhalten).

Auch zu den Barrieren, die Menschen daran hindern, ehrenamtlich aktiv zu werden, liefern vorliegende sozialwissenschaftliche Arbeiten wichtige Erkenntnisse und Hinweise. So kommt die Befragung der Studie „Lebenswelt und bürgerschaftliches Engagement" (Ueltzhöffer 2000) zu dem Ergebnis, dass ein wesentliches Hemmnis, das einem ehrenamtlichen Engagement entgegensteht, die Befürchtung ist, instrumentalisiert und für Zwecke und Ziele eingespannt zu werden, die man nicht teilt. Dies lässt sich auch im Zusammenhang mit den vielfältigen Prozessen der Lokalen Agenda 21 feststellen (siehe die Thesen von LAND 2002).

2.4 Gesellschaftliche Trends als künftige Herausforderungen

Aus der Zukunftsforschung und anderen wissenschaftlichen Bereichen lassen sich in Bezug auf den absehbaren gesellschaftlichen Wandel folgende **Trends** ausmachen, die für Umweltengagement, bürgerschaftliches Engagement und damit zusammenhängenden Aktivitäten besondere Bedeutung erlangen dürften und daher von den Entscheidungsträgern zu berücksichtigen sind[17]:

- Der demografische Wandel in Deutschland weist eine sinkende Geburtenzahl auf, was dazu führen wird, dass eine Abnahme des Anteils junger Menschen an der Bevölkerung erfolgen wird (als „Alterung" unserer Gesellschaft bezeichnet). Dadurch werden die verschiedenen Alterskohorten eine jeweils besondere und wichtigere Bedeutung für die Mobilisierungsarbeit der Verbände erfordern.

---

[17] Siehe Kreibich 1996, Kreibich 2002, Naisbitt 1984; jüngst auch Bayrisches Staatsministerium für Umwelt, Gesundheit und Verbraucherschutz 2005 (www.stmugv.bayern.de)

- Damit zusammenhängend kann davon ausgegangen werden, dass der Anteil von BürgerInnen ausländischer Abstammung ansteigen wird, und entsprechend berücksichtigt werden sollte. Hinzu kommt die intensivierte internationale Mobilität und EU-Integration, die eine entsprechende – frühzeitige – Außenorientierung der Verbände nahe legt.
- Die Verschränkung aller Lebensbereiche und neue Gewichtungen zwischen ihnen, also z.B. zwischen Berufsarbeit, Bildung und Lernen, Freizeitaktivitäten und Reproduktionsarbeit lassen erwarten, dass die Engagementformen und Motivationen noch stärker variieren werden als bisher – und entsprechende Angebote erfordern.
- Der Trend zum sogenannten „lebenslangen Lernen" (inklusive des Zwangs zu verstärkter Selbstinszenierung und -vermarktung) wird entsprechende Angebote durch Verbände und Organisationen erforderlich machen, um hinreichend viele BürgerInnen gezielt für das Umweltengagement zu begeistern.
- Dienstleistungen und Wissen gewinnen als Grundlagen des Wirtschaftens weiter an Relevanz (inkl. Dematerialisierung). Im Zuge dieses Trends steigen voraussichtlich die Fähigkeiten der Engagierten, zugleich wohl auch deren Bedürfnis nach Ausgleichsaktivitäten gegenüber dieser Verschiebung der Tätigkeitsmerkmale (z.B. körperlicher Einsatz).
- Wellness und Gesundheit sind als Megatrend wirksam, so dass körperliche, psychosoziale, mentale, seelische und emotionale Bedürfnisse ein höheres beziehungsweise deutlicheres Gewicht als bisher erlangen dürften.
- Die Wertschöpfung wird in diversen Branchen vor dem Hintergrund weiter steigender ökologischer und sozialer Standards (Kriterien: intakte Natur, Sicherheit und Lebensqualität als Standortvorteil) zunehmen und Qualitätsanforderungen in dieser Hinsicht erhöhen.
- Insgesamt werden Aspekte wie Wohlfühlen, Zufriedenheit und Glück (instant satisfaction statt overworking) nicht zuletzt aufgrund der Krise neoliberaler Leistungssteigerungszwänge an Wichtigkeit gewinnen, wie sich in Ergebnissen der aktuellen „Glücksforschung" abzeichnet.[18]

Einige dieser zentralen Herausforderungen für Umwelt- und Naturschutzverbände werden in ähnlicher Weise von einer Untersuchung haupt- und ehrenamtlicher Führungskräfte in gemeinnützigen Organisationen bestätigt. „Als größte anstehende Zukunftsprobleme identifizierten die hauptamtlich tätigen Führungskräfte die Erschließung neuer Finanzquellen und eine wachsende Bürokratisierung. Dagegen wurde von den Ehrenamtlichen an erster Stelle die Mobilisierung

---

[18] vgl. www.work-life-society-happiness.net und www.gluecksarchiv.de

freiwillig Engagierter benannt, wobei vor allem die Besetzung ehrenamtlicher Führungspositionen als problematisch erachtet wurde."[19]

---

[19] Bundesministerium für Familie, Senioren, Frauen und Jugend (2006, S.71). Zu den Projektpartnern dieser Studie gehörten auch drei Verbände aus dem Bereich Umwelt- und Naturschutz.

3. Engagement, Spendenverhalten, Potenziale – Empirische Daten

3.1 Bürgerschaftliches Engagement in Deutschland

In einer umfangreichen repräsentativen Erhebung zum freiwilligen Engagement – dem sogenannten „Freiwilligensurvey" (1999), die hier teilweise vorgestellt wird – wurde ermittelt, dass im Jahr 1999 über alle Engagementbereiche hinweg 34 Prozent der Bürgerinnen und Bürger in Deutschland freiwillig engagiert waren, also etwa 22 Millionen Menschen. An vorderster Stelle stehen dabei Sportvereine (11 Prozent der Bundesbürger), die Bereiche Schule/ Kindergarten sowie Freizeit und Geselligkeit stehen mit jeweils 6 Prozent an zweiter Stelle. Im Bereich Umwelt-, Tier- und Naturschutz sind hingegen lediglich 2 Prozent der Bürgerinnen und Bürger aktiv.[20] Die neue Erhebung des Freiwilligensurveys kam zu dem Ergebnis, dass sich gegenüber 1999 die Zahl der Engagierten leicht (um 2 Prozent) auf 36 Prozent erhöht hat (BMFSFJ 2006).

Unterschiede beim freiwilligen Engagement bestehen in Deutschland u.a. zwischen Frauen und Männern sowie zwischen unterschiedlichen Regionen. Freiwilliges Engagement ist außerdem abhängig vom sozialen Status, Alter, Bildungsstand sowie von weiteren Faktoren. Insgesamt sind Personen mit höherer Bildung, besseren beruflichen und finanziellen Voraussetzungen und Personen, die sozial stärker integriert sind, eher als andere bereit, sich freiwillig zu engagieren. So ist beispielsweise bei den Arbeitslosen der Anteil derer, die eine freiwillige oder ehrenamtliche Tätigkeit übernommen haben, erheblich geringer als im Bevölkerungsdurchschnitt (22 Prozent gegenüber 34 Prozent).

Der Anteil der Frauen, die eine freiwillige Tätigkeit ausüben ist geringer als bei den Männern (30 gegenüber 38 Prozent). Der Autor führt diese Diskrepanz zum einen darauf zurück, dass Frauen stärker in die Haus- und Familienarbeit eingebunden sind und daher weniger Zeit zur Verfügung haben als Männer.

Eine besonders aktive Altersgruppe bezüglich des freiwilligen Engagements sind die Jugendlichen zwischen 14 und 24 Jahren (37 Prozent üben eine freiwillige Tätigkeit aus). Demgegenüber ist die Altersgruppe der Senioren schwächer engagiert (31 Prozent). Dieses Ergebnis überrascht, da diese Gruppe sich in der nachberuflichen und nachfamiliären Lebensphase befindet und viele Senioren gerade im Übergang in den Ruhestand nach einer sinnstiftenden Tätigkeit suchen. Der Autor sieht hier einen Bedarf nach Informations- und Beteiligungsmöglichkeiten, der sich speziell an die Zielgruppe der SeniorInnen wendet.

---

[20] Siehe BMFSFJ 2001. Zu ähnlichen Befunden kommt auch Ueltzhöffer 2000. Die Ergebnisse der zweiten Erhebungswelle des Freiwilligensurveys, die erst kürzlich, nach Fertigstellung des Manuskripts, veröffentlicht wurden, können hier nur punktuell einbezogen werden (siehe BMFSFJ 2006).

Regionale Unterschiede bestehen zwischen Nord und Süd, Ost und West sowie zwischen Großstädten und kleineren Orten (BMFSFJ 2001):

- Der Anteil freiwillig oder ehrenamtlich Engagierter ist in den Großstädten am niedrigsten und in kleineren Orten und Gemeinden am höchsten.
- In den südlichen Bundesländern ist der Anteil der engagierten Bürger höher als im Norden (40 Prozent zu 31 Prozent).
- In den neuen Bundesländern ist die Engagementquote mit 28 Prozent erheblich geringer als in den alten Ländern (35 Prozent).

Über Wachstum oder Rückgang des ehrenamtlichen Engagements gibt zum einen das sozioökonomische Panel Auskunft, zum anderen der Freiwilligensurvey. Das sozio-ökonomische Panel kommt zu dem Ergebnis, dass von Mitte der 80er Jahre bis Mitte der 90er Jahre der Anteil der ehrenamtlich aktiven Bürger um 5 Prozent zugenommen hat (Heinze/ Keupp 1997). Der Freiwilligensurvey stellt auch zwischen 1999 und 2004 einen leichten Anstieg des ehrenamtlichen Engagements (von 34 auf 36 Prozent) fest. Gleichzeitig gibt es aber vereinzelt Klagen aus den Verbänden über sinkende Bereitschaft zur ehrenamtlichen Mitarbeit (vgl. Würz 2004).

3.2 Engagement im Umweltbereich in Deutschland

Über Zahlen und Trends zum Engagement speziell im Umweltbereich gibt die Untersuchung „Umweltbewusstsein in Deutschland 2004" Auskunft (BMU/ UBA 2004). In der Untersuchung wurde zunächst die Zahl der (aktiven und passiven) Mitglieder von Umwelt- und Naturschutzorganisationen erhoben. Demnach ist die Zahl der Mitgliedschaften in einer Umwelt- oder Naturschutzorganisation in den letzten sechs Jahren deutlich angestiegen: Waren 1998 nur 4,2 Prozent der Befragten Mitglied einer Umwelt- oder Naturschutzorganisation, so sind es 2004 mit 8,6 Prozent doppelt so viele.

Auch die Zahl derjenigen, die im Vorjahr Geld für Umwelt- und Naturschutzgruppen gespendet haben ist mit 25 Prozent erfreulich hoch. Damit ist der Anteil der Spender im Vergleich zur vorhergehenden Erhebung von 2002 in etwa gleich geblieben.

Tab. 3.1: Mitgliedschaft in einer Umweltschutz- oder Naturschutzorganisation (Zeitreihe)

Angaben in %	2004			2002			2000			1998		
	Ges.	West	Ost	Ges.	West	Ost	Ges.	West	Ost	Ges.	West	Ost
Insgesamt	8.6	9.6	4.9	8.5	9.3	5.5	7.5	8.9	2.0	4.2	4.5	2.9
Geschlecht												
Männer	8.8	9.2	7.3	9.7	10.6	6.1	8.5	10.3	2.0	4.1	4.2	4.0
Frauen	8.5	9.9	2.8	7.5	8.2	5.0	6.5	7.6	2.0	4.2	4.7	1.8
Alter in Jahren												
18-30 Jahre	8.4	9.9	2.8	8.8	9.0	6.6	6.6	7.5	1.7	3.6	3.7	2.9
31-45 Jahre	8.0	8.2	7.8	5.7	6.1	3.7	8.6	10.0	2.1	5.8	6.5	2.9
46-60 Jahre	10.0	10.8	6.0	10.3	11.7	5.5	7.1	8.7	3.1	4.0	3.9	4.2
älter als 60 Jahre	8.2	9.6	4.0	9.7	10.8	6.4	7.3	9.3	0.8	2.9	3.3	1.4
Schulbildung												
Niedrig	3.7	4.4	0	6.3	6.8	3.7	3.1	3.8	0.0	2.0	2.2	1.0
Mittel	7.8	9.7	2.4	6.9	7.5	5.2	8.7	11.1	2.9	3.1	3.6	1.6
Hoch	15.0	15.4	13.4	13.4	14.5	8.5	11.3	13.2	1.9	10.5	11.0	8.5

Frage: Sind Sie Mitglied einer Gruppe oder einer Organisation, die sich für die Erhaltung und den Schutz von Umwelt und Natur einsetzt?

Quelle: BMU/UBA 2004, Seite 71

Die Studie fragt weiterhin, wie viele Personen tatsächlich ehrenamtlich tätig sind und zwar nicht nur im Umweltbereich sondern bereichsübergreifend. Danach sind derzeit knapp 17 Prozent der Befragten in irgendeiner Form ehrenamtlich tätig. Auffällig ist hier die große Diskrepanz zum Freiwilligensurvey, der 34 Prozent freiwillig Engagierte ermittelt hatte (siehe oben). Der Grund für die Diskrepanz ist in der unterschiedlichen Definition von ehrenamtlichem Engagement und der damit verbundenen unterschiedlichen Formulierung im Fragebogen zu vermuten.[21]

---

[21] Während in der Studie „Umweltbewusstsein in Deutschland 2004" konkret nach „ehrenamtlichen Tätigkeiten" gefragt wurde („Üben Sie zur Zeit eine ehrenamtliche Tätigkeit aus?"), war die Frage im Freiwilligensurvey sehr viel breiter formuliert: „Uns interessiert nun, ob Sie in den Bereichen, in denen Sie aktiv sind, auch ehrenamtliche Tätigkeiten ausüben oder in Vereinen, Initiativen, Projekten oder Selbsthilfegruppen engagiert sind. Es geht um freiwillig übernommene Aufgaben und Arbeiten, die man unbezahlt oder gegen geringe Aufwandsentschädigung ausübt".

Abbildung 3.1: Ausübung einer ehrenamtlichen Tätigkeit

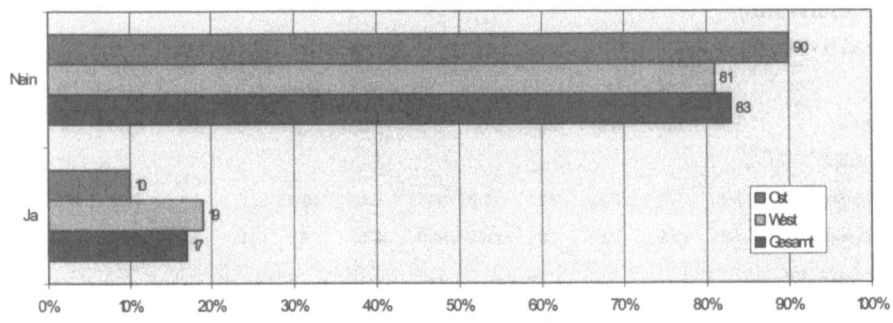

Frage: Üben Sie zur Zeit eine ehrenamtliche Tätigkeit aus?
Quelle: BMU/UBA 2004, S. 72

Die Studie „Umweltbewusstsein in Deutschland 2004" stellt fest, dass Befragte aus älteren Partnerhaushalten (ab 60 Jahre) sowie Familien mit älteren Kindern etwas häufiger engagiert sind als der Durchschnitt. Deutlich ist auch der Einfluss der Bildung sowie des Einkommens: Befragte mit Abitur oder Hochschulabschluss und Befragte mit höherem Einkommen sind überdurchschnittlich häufig engagiert. Männer sind beim ehrenamtlichen Engagement mit 19,4 Prozent stärker vertreten als Frauen (14,5 Prozent). Der Bereich Umwelt-, Natur- und Tierschutz steht in der Rangliste der Tätigkeitsfelder auf dem siebten Platz. 11 Prozent derer, die sich ehrenamtlich engagieren sind demnach im Bereich Umwelt- oder Naturschutz, Tierschutz tätig. Angeführt wird die Rangliste auch hier wie im bereits vorgestellten Freiwilligen-Survey von den Bereichen Sport und Bewegung, Kirche und Soziales, in denen die meisten Bürgerinnen und Bürger aktiv sind.

Tab. 3.2: Bereiche des Engagements

Angaben in % derer, die sich ehrenamtlich engagieren	Erhebung 2004		
max. zwei Nennungen	Gesamt	West	Ost
Sport und Bewegung	22	22	29
kirchlicher/religiöser Bereich	21	23	9
sozialer Bereich	19	19	14
Politik/politische Interessenvertretung	15	15	19
Kultur und Musik	13	12	19
Schule/Kindergarten	11	11	10
Umwelt- oder Naturschutz, Tierschutz	11	10	12
Freizeit und Geselligkeit	10	9	17
Rettungsdienste/freiwillige Feuerwehr	6	7	0
berufliche Interessenvertretung	4	5	0
außerschulische Jugendarbeit/Bildungsarbeit für Erwachsene	4	4	5
Gesundheitsbereich	3	3	2
Justiz/Kriminalitätsprobleme	2	2	0
Lokale Agenda 21	2	2	2
sonstige bürgerschaftliche Aktivität	7	6	12

Frage: In welchem Bereich engagieren Sie sich?
Quelle: BMU/UBA 2004, S. 73

In der Literatur zum freiwilligen Engagement werden verschiedene Typologien von freiwillig bzw. ehrenamtlich Engagierten entwickelt.

Im Rahmen des Freiwilligensurvey (BMFSFJ 2001) wird beispielsweise innerhalb der freiwillig Engagierten unterschieden zwischen:

a) dem Kern der Aktiven/ Funktionsträgern („Freiwillig Engagierte") und

b) denjenigen, die ab und zu irgendwo mitmachen („Aktiv Beteiligte")

Davon wiederum unterschieden werden die „Neuen Ehrenamtlichen": ehrenamtlich Engagierte, die im Gegensatz zum „klassischen" Ehrenamt nicht dauerhaft in ein und derselben Organisation tätig und in ganz bestimmte Funktionen eingebunden sind, sondern die sich kurzfristig und punktuell engagieren, oft projektgebunden und in verschiedenen Organisationen und Themenbereichen aber durchaus in verantwortlichen Positionen.

Über die sozial-kulturelle Struktur derjenigen Personen, die im Umweltbereich engagiert sind, geben u.a. die Studie von Haack (2003) sowie die Untersuchung von SIGMA (2000) Auskunft.

In der Studie von SIGMA (2000) wird das Konzept der Sozialen Milieus (in Anlehnung an die sogenannten „Sinus Milieus") auf das bürgerschaftliche Engagement angewendet und untersucht, welche sozialen Milieus sich in welchen Bereichen engagieren beziehungsweise ein Engagementinteresse aufweisen. Das Sinus Modell identifizierte für das Jahr 2000 folgende unterschiedlichen Milieus in Deutschland:

- Traditionelles Arbeitermilieu (6%)
- Traditionsloses Arbeitnehmermilieu (11%)
- Traditionelles bürgerliches Milieu (14%)
- Aufstiegsorientiertes Milieu (15%)
- Hedonistisches Milieu (11%)
- Modernes Arbeitnehmermilieu (8%)
- Modernes Bürgerliches Milieu (8%)
- Postmodernes Milieu (6%)
- Intellektuelles Milieu (10%)
- Etabliertes Milieu (9%)

Die Studie stellt fest, dass im Umweltbereich vor allem die Milieus der modernen Wertewelt engagiert sind, allen voran das Intellektuelle Milieu und das Postmoderne Milieu. Während die eher traditionell orientierten Milieus, insbesondere das Traditionelle Arbeitermilieu mit einer Engagementquote von lediglich 1 Prozent nur weit unterdurchschnittliche Werte aufweisen, erreicht das Intellektuelle Milieu einen Anteil von 26 Prozent und das Postmoderne Milieu einen Anteil von 27 Prozent Engagierter im Umwelt- und Naturschutzbereich.

Auch die Studie von Haack (2003) gibt Hinweise zur Struktur der Engagierten im Bereich Umwelt- und Naturschutz. Die Autorin stellt fest, dass das freiwillige Engagement in den Umweltverbänden überwiegend von Männern getragen wird. Die Engagierten weisen ein überdurchschnittlich hohes Bildungsniveau auf, sie sind überwiegend berufstätig und im Schnitt zwischen 30 und 50 Jahre alt. Die unteren Bildungsschichten sind im Umweltbereich weit weniger aktiv, ebenso sind "soziale Randgruppen" (z.B. Arbeitslose) unterrepräsentiert. Haack stellt des Weiteren fest, dass viele Umweltverbände zum Teil erhebliche Nachwuchsprobleme haben.[22]

---

[22] Diese Erkenntnisse decken sich auch mit den Ergebnissen des vorliegenden Projekts. Einer der Interviewpartner aus einem Umweltverband äußerte, die ehrenamtlich Aktiven im Ver-

3.3 Engagement in Form von Spenden in Deutschland

Erhebungen des Deutschen Spendeninstituts Krefeld zufolge belief sich das Spendenaufkommen in der Bundesrepublik im Jahr 1998 auf 10 Milliarden DM.[23] Dabei flossen die meisten Spenden in die Bereiche Wohlfahrt/Soziales (17 Prozent), Natur und Umwelt (15 Prozent), Religion (14 Prozent), Katastrophenhilfe (14 Prozent) und Gesundheitswesen (10 Prozent).

Blickt man auf die Finanzierungsquellen gemeinnütziger Organisationen in Deutschland, so wird die dominante Rolle öffentlicher Gelder deutlich: Knapp zwei Drittel des Finanzvolumens von gemeinnützigen Organisationen stammen aus öffentlichen Kassen. Spenden machen insgesamt bei der Finanzierung gemeinnütziger Organisationen also nur einen kleinen Teil (im Mittel etwa 3 Prozent) aus.

Im Umweltbereich ergibt sich allerdings ein etwas anderes Bild: Hier stammen etwa 15 Prozent des Budgets aus Spenden (Bericht der Enquete-Kommission), der Anteil an Spendengeldern an der Finanzierung insgesamt ist also bereits vergleichsweise hoch.

Des Weiteren kann festgestellt werden, dass angesichts knapper öffentlicher Mittel zukünftig die Bedeutung von Spendengeldern in Bezug auf die Basisfinanzierung von gemeinnützigen Organisationen steigen wird. Dies trifft auch auf Umweltorganisationen zu, die sich und ihre Tätigkeiten zum Teil heute schon in recht hohem Maße aus Spendengeldern finanzieren (Zimmer et al. 1999). Speziell zum Bereich Fundraising für umweltpolitische und nachhaltige Aktivitäten im engeren Sinne liegen ebenfalls einschlägige Beispiele und Erfahrungen vor.[24]

Eine neuere Studie analysiert den Einsatz von Fundraising im kirchlichen Bereich, beschreibt die bei dessen Einführung aufgetretenen Probleme und Erfahrungen und formuliert erste Standards für den weiteren Prozess der Einführung und Verbesserung. Zusammenfassend heißt es in dem Bericht: „Fundraising etabliert sich innerhalb der Gliedkirchen der EKD als kirchliche Leitungsaufgabe. Es schreibt dort Erfolgsgeschichte, wo es mit spezifischen professionellen Kompetenzen auch auf kirchenleitender Ebene positioniert ist. Das Hauptrisiko beim Fundraising ist ein Mangel an Professionalität." (Andres 2005, S.4)

---

band seien überwiegend Männer über 40 Jahren aus bürgerlichen oder akademischen Schichten.

[23] Im Internet: www.sozialmarketing.de/zahlenallgemein.htm

[24] Siehe dazu allgemein als fundierte empirische Übersicht die dritte Auflage von M. Urselmann: Fundraising – Erfolgreiche Strategien führender Nonprofit-Organisationen (Bern 1999) und als Handbuch mit strategischen Empfehlungen und Ratschlägen Haibach 2000 sowie Radloff et al. 2001.

3.4 Potenziale für das Engagement im Umwelt- und Naturschutz

Das allgemeine Engagementpotenzial in Deutschland wird als recht hoch eingeschätzt. Der Freiwilligensurvey stellt fest, dass es in Deutschland ein sehr großes noch unerschlossenes Potenzial an Interessierten für freiwilliges Engagement gibt: dieses Potenzial umfasste im Jahr 1999 37 Prozent der Bevölkerung, also etwa 20 Millionen Menschen. „Das Potenzial ist damit sogar größer als die Gesamtgruppe der derzeit Engagierten." (BMFSFJ 2001) Fünf Jahre später (bei der zweiten Erhebung im Jahr 2004) hatte sich die Engagementbereitschaft nochmals leicht erhöht. Unter Engagementpotenzial werden in der Studie Menschen gefasst, die bereit wären, sich zu engagieren, es bisher aber noch nicht tun, Menschen, die bereits früher einmal engagiert waren sowie Aktive, die ihr Engagement ausweiten wollen. Diese für das freiwillige Engagement insgesamt getroffene Aussage gilt auch für den Umweltbereich (BMFSFJ 2001, BMFSFJ 2000a).

Wichtig ist hierbei die Beobachtung, dass in der Gruppe der potenziell Interessierten diejenigen Bevölkerungsgruppen überwiegen, die derzeit beim freiwilligen Engagement unterrepräsentiert sind (Frauen, Menschen mit niedrigerem Bildungsniveau und Einkommen, Arbeitslose). Hieraus leitet sich die – auch für das vorliegende Projekt – wesentliche Frage ab, wie es gelingen kann, eben jene bisher unterrepräsentierten Bevölkerungsgruppen besser anzusprechen und zu aktivieren.[25]

Die Ergebnisse der Bevölkerungsumfrage „Umweltbewusstsein in Deutschland 2002" geben verschiedene Hinweise über das Engagementpotenzial im Umweltbereich (BMU/ UBA 2002). Zum einen ist festzustellen, dass Umweltschutz weiterhin ein wichtiges Thema in den Augen der Bevölkerung ist. Während die Bedeutung des Themas Umweltschutz Mitte der 90er Jahre abgenommen hatte, steigt seit 2000 seine Bedeutung wieder an. In Bezug auf die Umwelteinstellungen kommt die Studie zu dem Ergebnis, dass der größte Teil der Bevölkerung für den Umweltschutz sensibilisiert und die Zahl der Indifferenten oder Gegner gering ist. Für die Frage nach dem Engagementpotenzial ist aber noch eine andere Beobachtung von Bedeutung: Kuckartz stellte eine Tendenz zur Entdramatisierung und Entemotionalisierung in Bezug auf den Umweltschutz fest. Man äußert sich eher moderat, sieht sowohl das Für und Wider. Des Weiteren beobachtete er eine Tendenz zur Verantwortungsdelegation, d.h. die Tendenz, Verantwortung für den Umweltschutz wieder stärker vom Einzelnen weg auf die Gesellschaft und den Staat zu verlagern. Diese drei Tendenzen könnten möglicherweise einem Umweltengagement entgegenwirken.

Um genauere Aussagen über die Engagementbereitschaft im Umweltbereich treffen zu können, wurde in der Folgeerhebung „Umweltbewusstsein in

---

[25] Aus diesem Grunde wurde eine Fokusgruppe durchgeführt, in der versucht wurde, diese heterogene Zielgruppe zu Wort kommen zu lassen und zu untersuchen (siehe Kap. 8.3).

Deutschland 2004" erstmals ein Fragenblock zum bürgerschaftlichen Engagement sowie zu Engagementpotenzialen eingestellt (BMU/ UBA 2004)[26]. In der Studie wurde gefragt: „Können Sie sich vorstellen, sich aktiv für den Umwelt- und Naturschutz zu engagieren, zum Beispiel als ehrenamtlich Tätige(r) in einer Umwelt- oder Naturschutzgruppe oder auch durch Beteiligung an einzelnen Aktivitäten und Projekten?" Es stellt sich heraus, dass das Engagementpotenzial für den Umwelt- und Naturschutz sehr hoch ist: Ein Drittel der Befragten (33 Prozent) beantwortete diese Frage mit ja. Hiermit bestätigt sich für den Umweltbereich, was im Freiwilligensurvey bereits übergreifend festgestellt wurde, nämlich dass es ein großes Potenzial an Engagementbereiten gibt, die derzeit noch nicht aktiv sind.

Die Engagementbereitschaft ist größer bei Personen mit höherem Bildungsgrad (in dieser Gruppen sagen 44 Prozent, dass sie sich ein Engagement vorstellen können). Eine überdurchschnittliche Engagementbereitschaft lässt sich darüber hinaus bei den jüngeren Altersgruppen bis 49 Jahren feststellen. Potenziale bestehen dabei vor allem in den Lebensphasen „junge Paare ohne Kinder" (41 Prozent Zustimmung), „junge Familien" (43 Prozent Zustimmung) sowie Alleinerziehende (51 Prozent Zustimmung).

Abbildung 3.1: Bereitschaft zum Engagement im Umwelt- oder Naturschutz

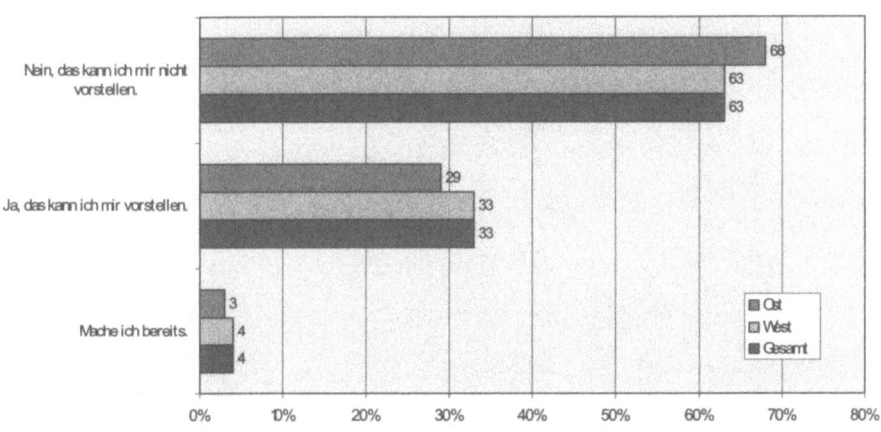

Frage: Können Sie sich vorstellen, sich aktiv für den Umwelt- und Naturschutz zu engagieren, z.B. als ehrenamtlich Tätige(r) in einer Umwelt- oder Naturschutzgruppe oder auch durch Beteiligung an einzelnen Aktivitäten und Projekten?

Quelle: BMU/UBA 2004, S. 74

---

[26] Die inhaltliche Zuarbeit dafür erfolgte durch das IZT im Rahmen des hier dargestellten Forschungsvorhabens.

Auffällig sind die erheblichen Unterschiede im ehrenamtlichen Engagement im Umwelt- und Naturschutz zwischen Ost und West: die Westdeutschen sind dort fast doppelt so häufig ehrenamtlich engagiert wie die Ostdeutschen (West: 19 Prozent, Ost: 10 Prozent). Auch bei der Engagementbereitschaft für dieses Feld liegen die Westdeutschen etwas vor den Ostdeutschen. Allerdings sind hier die Unterschiede nicht ganz so stark ausgeprägt (Ost: 29 Prozent, West: 33 Prozent).

4. Freiwilliges Engagement in anderen Staaten

Für die Forschung über Voraussetzungen und Rahmenbedingungen freiwilligen ehrenamtlichen Engagements besonders im Bereich von Umwelt- und Naturschutzorganisationen wurde vom IZT auch untersucht, ob und inwiefern in anderen Staaten interessante Erfahrungen im Bereich des ehrenamtlichen Engagements und des Fundraisings existieren, d.h. bei der Mobilisierung von finanziellen, sachlichen und personellen Ressourcen. Zudem sollte geklärt werden, ob, inwieweit und wie diese Erfahrungen für die Praxis in Deutschland genutzt werden oder zumindest die Diskussion weiter befördern können.

In der deutschsprachigen Fachliteratur findet bislang eine systematische Bezugnahme auf konkrete Erfahrungen und Erkenntnisse aus anderen Staaten kaum oder nur sehr punktuell statt. Selbst im Bericht der Enquetekommission des Bundestages findet sich dazu nur ein kurzer Passus. Interessant für unsere Fragestellung war hingegen die Untersuchung von Toepler/ Anheier (2001) zu Bürgerschaftlichem Engagement im internationalen Vergleich sowie die Vergleichsstudie von Gaskin/ Smith (1995). Die nationalen Charakteristika der Engagementkulturen sind dort jeweils ausführlich aufgearbeitet und vorgestellt.

Im Rahmen des Vorhabens wurden exemplarische Fundraising-Aktivitäten im Bereich des Umweltschutzes und der Nachhaltigkeit in Kanada und USA, Dänemark, Finnland, Großbritannien, Niederlande und Schweden untersucht. In diesen Ländern besitzen Bürgerbeteiligung und deren Professionalisierung bereits eine lange Tradition und werden teilweise mit innovativen Modellen weiter vorangetrieben.[27]

Eine „Kultur des Ehrenamts" ist in den untersuchten Ländern meist in speziellen Kontexten entstanden und weiter gefördert worden. Das lässt sich nachvollziehen für die USA: die Situation der Einwanderer in Nordamerika führte auf der Grundlage einer Agrargesellschaft zu einer ausgesprochen schwachen Rolle sozialstaatlicher Kultur. Damit verbunden waren die Anforderungen an ein „do-it-yourself" und einen ausgeprägten Bürgergeist hoch. Dies hat vor 150 Jahren Alexis de Tocqueville eindrucksvoll beschrieben und dieser Bürgergeist existiert auch noch heute, wenngleich in anderen Formen und sehr ausdifferenziert.[28]

---

[27] Bei den Recherchen traten Sprachbarrieren auf, weil bspw. zahlreiche Segmente der Websites, die sich auf bürgerschaftliches Engagement oder Fundraising beziehen (und daher auf die jeweiligen MitbürgerInnen), nicht in eine zweite (Fremd-)Sprache wie z.B. Englisch übersetzt sind. Nicht zuletzt deshalb wurden direkte Email- und Telefonkontakte erforderlich. Dies betraf vor allem die skandinavischen Länder. Eine groß angelegte komparative Forschung kann hierdurch nicht ersetzt werden, doch bieten diese Recherchen – wie intendiert – hinreichend fundierte Möglichkeit, zielführende Erkenntnisse und Anregungen geben zu können.

[28] In den skandinavischen Gesellschaften, die lange Zeit eine relativ homogene Bevölkerungsstruktur aufwiesen, ist hingegen eine sozialstaatlich-solidarische Kultur vorherrschend. Diese

Selbstverständlich weisen auch andere Gesellschaften unterschiedliche Formen bürgerschaftlicher Kultur auf. Doch die USA, Schweden und andere Beispiele zeigen, dass die Entwicklung einer starken bürgerschaftlichen Kultur ein äußerst voraussetzungsvolles Unterfangen darstellt, an vielfältige Bedingungen geknüpft ist und von verschiedenen Faktoren und deren Zusammenwirken beeinflusst wird. Seit den 90er Jahren allerdings lässt sich erneut ein Trend in Richtung Stärkung des bürgerschaftlichen Engagements in vielen Staaten beobachten (vgl. Anheier/ Toepler 2001, Ash 1992, Putnam 2000).[29]

4.1 Nutzung professioneller Erkenntnisse aus Marketing und Fundraising

In den USA werden aufgrund der schwachen sozialstaatlichen Struktur einerseits und der harten Wettbewerbssituation um Ressourcen für das bürgerschaftliche Engagements andererseits vielfältige Anstrengungen unternommen. So werden zur Nutzung des begrenzten Potenzials Fundraising und Volunteering sowohl im sozialen und karitativen Bereich als auch im Umweltschutzbereich seit langem professionell und innovativ betrieben. Dementsprechend gut entwickelt sind auch die Strukturen, um Spenden und unentgeltliche Mitarbeit kontinuierlich einzuwerben. Die Organisationen und Verbände verfahren in den USA nach dem Motto: „Nicht die Ehrenamtlichen müssen sich den Organisationen anpassen, sondern die Organisationen passen ihre Programme und Strukturen den Bedürfnissen der Ehrenamtlichen an." (Würz 2004:6)

Auch darüber hinaus ist die Aufgeschlossenheit gegenüber anderen Engagementbereichen und neuen Ideen sehr ausgeprägt: So gehen Umweltverbände beispielsweise Kooperationen mit Verbänden aus dem Gesundheitssektor ein, um alltagsnahe Anliegen der Bürgerinnen und Bürger angemessener ansprechen und das vorhandene Potenzial an freiwilligem Engagement effektiver nutzen zu können.

Und schließlich nutzen die Umwelt- und Naturschutzverbände in den USA auch – ohne große Berührungsängste – sinnvoll erscheinende Erkenntnisse und Erfahrungen aus dem allgemeinen Feld des professionellen Marketing. Speziell für Non-Profit-Einrichtungen und Verbände liegen Publikationen vor, die einen Erfahrungstransfer erleichtern. Hierfür sei beispielhaft das Buch des US-Psychologen und Marketingberaters Cialdini vorgestellt (siehe Cialdini 2001). Mit Bezugnahme auf unterschiedliche psychologische Erkenntnisse erläutert er die

---

sozialstaatlich-solidarische Kultur fand ihre systematische Artikulation in der sozial- bzw. wohlfahrtstaatlichen Konzeption des „Folkhemmet" (Volksheim) durch Per Albin Hansson.

[29] In diesem Zusammenhang sei an die klassische Studie über Demokratisierung und Politische Kultur in modernen westlichen Gesellschaften durch Almond, Gabriel/Verba, Sidney (Civic Culture, 1963) erinnert, in der neben formalen Beteiligungsformen wie Wahlen informelle Formen und freiwilliges Bürgerengagement im Fokus standen und aufzeigten, dass reife Demokratien eine Vielfalt von Beteiligungs- und Partizipationsformen aufweisen – und deren verbreitete Nutzung.

Grundfrage, wie Menschen andere Menschen beeinflussen können. Zugleich beschreibt er aber auch, wie diese Menschen derartige Manipulationsversuche entdecken und sich wehren können. Bei der Diskussion zahlreicher Praxisbeispiele werden sozialpsychologische Zusammenhänge und Verhaltensmuster zur Sprache gebracht, nachvollziehbar analysiert und diskutiert, so dass dadurch Anregungen für die Förderung ehrenamtlichen Engagements in Umwelt- und Naturschutzverbänden gewonnen werden können.

Ausgangspunkt in dem Buch ist die Beobachtung, dass die „Unübersichtlichkeit" derzeitiger Gesellschaften und damit die Komplexität der relevant erscheinenden sozialen Umfelder für die Individuen immer weiter zunehmen und zu einer kognitiven Überlastung („cognitive overload") führen. Zugleich sind die menschlichen Informationsverarbeitungs- und Bearbeitungskapazitäten begrenzt. Dadurch ergibt sich nach Auffassung von Cialdini eine steigende Überforderung unserer Fähigkeit, im Alltag mit Informationen und unserem sozialen Umfeld umzugehen – es entsteht eine Art "Lücke". Daher verfügen die Menschen in den modernen, hochindustrialisierten Gesellschaften aufgrund der dynamisch expandierenden Eindrücke und Veränderungen kaum noch über angemessene Zeit und Kapazität, um alltägliche Entscheidungssituationen fundiert und wohlüberlegt zu meistern. Cialdini spricht daher von einer „Paralysis of Analysis" (Lahmlegung der Analysefähigkeit). Weil aber Tag für Tag zahlreiche (meist kleinere, unscheinbare) Entscheidungen zu treffen sind, fokussieren Menschen immer mehr auf singuläre, im Normalfall meist recht zuverlässige Parameter und Muster zur Entscheidungsfindung. Diese stellen ein „System von Abkürzungen" dar ("system of shortcuts"), im systemtheoretischen Jargon sind dies unterschiedliche Arten und Möglichkeiten der „Reduktion von Komplexität".

Mit vielen Beispielen aus langjähriger Praxis und seinem Studium verhaltenswissenschaftlicher Grundlagen deckt Cialdini interessante „abkürzende" Verhaltensmuster auf. Hier ein Beispiel aus dem Kapitel, in dem Cialdini die Erkenntnis erläutert, dass persönliche Konsistenz, mit anderen Worten „Glaubwürdigkeit" und Integrität eines Individuums ein wichtiges Verhaltensmerkmal darstellt: Ein Restaurant in einer US-Großstadt hatte enorme Schwierigkeit, mit der Vielzahl an nicht eingehaltenen Tischreservierungen. Die nach einiger Überlegung gefundene Lösung war einfach: der zuständige Kellner hatte früher die Gäste nur gebeten: „Bitte melden Sie sich doch, wenn Sie nicht kommen werden." Nun aber sagte er: „Sie melden sich doch bei mir, wenn Sie nicht kommen werden?" und wartete deren umgehende Erwiderung bzw. Zusage ab. Allein die Tatsache, dass sich die jeweiligen Gäste persönlich dazu bereit erklärten, und sei es durch Kopfnicken oder ein einfaches „Ja" brachte sie dazu, tatsächlich das Restaurant zu informieren, wenn sie nicht zum Essen kommen würden. Durch ihre höchstpersönliche Aussage, sozusagen ein Commitment, stellten sie ihre persönliche Integrität und ihre Glaubwürdigkeit auf die Probe.[30] Derartige Zusammenhänge und Hintergründe zu kennen und für die eigene Verbandsarbeit fair einzusetzen, scheint in den USA für immer mehr Umweltorganisationen ein wichtiger Beitrag zur Erfolgssteigerung ihrer Arbeit.

Erfahrungen und Erkenntnisse aus professionellen Arbeitsfeldern wie dem Marketing scheinen in den USA und anderen untersuchten Ländern auch im Bereich des Umwelt- und Naturschutzes wesentlich bekannter zu sein als in Deutschland und vor allem auch in der alltäglichen Praxis genutzt zu werden – und zwar erfolgreich.

Auffallend in den untersuchten Staaten ist des Weiteren, dass dort Erkenntnisse von Profis aus dem Bereich des Fundraising bzw. des freiwilligen Bürgerengagements und dessen vielfältige Unterstützungsformen recht häufig genutzt werden. Für die Sache des Fundraising und der Förderung von Ehrenamt hat sich in den USA und den anderen untersuchten Gesellschaften eine Art von Unterstützung durch „Präsenz im Alltag" entwickelt. Dies macht sich in unzähligen alltäglichen Formen und Details bemerkbar, wie beispielsweise in der Gestaltung von Werbematerial der Verbände und Organisationen, aber auch staatlicher Einrichtungen. Beispielsweise wird bei der Gestaltung der Websites öffentlicher Institutionen und Behörden deutlich und häufig sehr anschaulich auf Möglichkeiten für individuelles Engagement hingewiesen.

Hier seien einige konkrete Einzelbeispiele dafür genannt:

a) Aufrufe zum Engagement der BürgerInnen auf lokaler Ebene erfolgen in Kanada durch die Website beispielsweise des kanadischen Umweltministeriums;

b) Auf den Websites zahlreicher Behörden finden sich Links wie „Support"/ „Take Action"/ „What can you do" (diese reichen dann von Energiespartipps bis hin zu konkreten Angeboten für Projektmitarbeit);

c) Umfangreiche Links zu „Grassroots-Organizations" erleichtern interessierten BürgerInnen den Zugang zu individuell passenden Beteiligungsmöglichkeiten;

d) Häufig existieren Links zu speziellen Finanzierungsprogrammen für Projekte;

e) Spezielle Finanzierungsmöglichkeiten im Low-Budget-Bereich sind für einfache aber grundlegende Aktivitäten beim Engagement aufgelegt (z.B. Bereitstellung von Mitteln für Workshops).

---

[30] Mit Kenntnis beispielsweise dieses Verhaltensmusters arbeiten professionelle Marketingspezialisten jeden Tag und nutzen ähnliche Verhaltensweisen ihrer Mitbürgerinnen und Mitbürger (bekannte Beispiele: Time Life, Tupper Ware, AMC-Kochutensilien).

4.2 Zugänge zu den Bürgerinnen und Bürgern

Im Rahmen eines internationalen Projekts über den Non-Profit-Sektor wurden hinsichtlich der Zuwendungs- und Spendenpraxis in verschiedenen Staaten erhebliche quantitative Unterschiede festgestellt. So betrug das Aufkommen solcher Zuwendungen (Geld und materielle Güter) im Zeitraum von 1995 bis 2002 z.B. in den USA etwa 1,8 Prozent des BIP, in Kanada etwa 1,2 Prozent und in Deutschland ganze 0,2 Prozent des BIP (Economist 2006). In demselben Artikel wird ein US-Forscher (Greg Dees, Duke University) mit seiner Einschätzung über den heutigen Charakter von Philanthropie zitiert. Dies sei „mobilising and developing private resources, including money, time, social capital and expertise, to improve the world in which we live."

Die wohl wichtigste Voraussetzung für Erfolge im Bereich des freiwilligen Engagements sind differenzierte, auf unterschiedliche Bedürfnisse der verschiedenen Zielgruppen und sozial-kulturellen Milieus ausgerichtete Impulse und Angebote. Das umfasst auch Angebote für eine persönliche Betreuung beziehungsweise Beratung von Interessierten und von SpenderInnen (z.B. abhängig vom Spendentypus), die sich in den untersuchten Staaten als sehr hilfreich erwiesen haben. Dabei ist allerdings darauf zu achten, dass derartige Angebote immer aktualisiert werden und z. B. an aktuelle Umwelt- und Naturschutzprojekte der Organisation angepasst werden.

Bei der Betrachtung der unzähligen öffentlichkeitsbezogenen Materialien und Internetpräsentationen der Verbände in anderen Staaten und Gesellschaften wird insbesondere in Bezug auf Spenden und sonstige Fundraising-Aktivitäten im engeren Sinne – also der Mobilisierung der finanziellen Ressourcen – deutlich, dass hierbei auf Transparenz hinsichtlich der Verwendung der Mittel (für konkrete Projekte, einschließlich Rechenschaftslegung an Spender) Wert gelegt wird und entsprechende Hinweise etabliert sind und kommuniziert werden.

Seit einigen Jahren wächst in den USA das „Online-Volunteering". Die entsprechenden Initiativen und Organisationen (wie z.B. VolunteerMatch in San Fransisco) verzeichnen in diesem Bereich hohe Zuwächse an Engagement. Vermittelt und ermöglicht werden für Online-Projekte beispielsweise Tätigkeiten wie Gestaltung von Websites, Übersetzung von Dokumenten, Aufbereiten von Trainingsunterlagen oder auch das Betreuen von jungen Leuten und Neumitgliedern.[31]

Zu den wichtigsten Voraussetzungen für die Gewinnung von aktiven BürgerInnen und zu den damit verbundenen Vorteilen zählen in den untersuchten Ländern die folgenden Punkte:

---

[31] Siehe dazu http://www.onlinevolunteering.org/

a) Wesentliche und glaubwürdig vertretene Grundhaltung der Umwelt- und Naturschutzorganisationen ist die hohe und öffentlich demonstrierte Wertschätzung der Volunteer-Aktivitäten.

b) Die Bedeutung beziehungsweise die Relevanz jeder einzelnen Person und ihrer Aktivität – und sei sie noch so „geringfügig" – wird betont.

c) Freiwillige erhalten Zugang und angemessen tiefen Einblick in die Arbeit der Organisation (Identifizierungs- und Lerneffekte).

d) Es werden explizit Möglichkeiten zum Erwerb von Wissen, Erfahrungen und Qualifikationen angeboten.

e) Den Freiwilligen wird Zugang zu wesentlichen Informationen ermöglicht, durch Nutzung der Infrastruktur der Organisation (Intra- bzw. Internet, e-bulletins, Zeitungen, Zeitschriften, Veranstaltungen etc.).

f) Freiwillig Engagierten werden von den Organisationen gezielt Stellenausschreibungen und Jobmöglichkeiten zugeleitet.

Anknüpfend an die eingangs skizzierten Erkenntnisse und Empfehlungen sei hier auf ein Beispiel aus Kanada verwiesen. Das übergreifende Motto für Fundraising und Volunteering des WWF Canada lautet:

"THE POWER OF ONE. While we believe that one person can change the world. The POWER OF MANY: We also believe that 60,000 people can change it a whole lot faster."

In diesem Motto wird sowohl die Bedeutung der einzelnen Person zum Ausdruck gebracht als auch das Gewicht versinnbildlicht, das einer größeren Anzahl von MitstreiterInnen – der Zusammenarbeit – zukommt. Hier klingt auch ein „Gemeinschaftsgeist" an, der entsteht, wenn man sich an einem Vorhaben oder gar in einer Organisation engagiert, und so mit Gleichgesinnten besser, schneller und erfolgreicher an der Verwirklichung gemeinsam geteilter Zielsetzungen arbeiten kann.

Dass für all jene Ansätze nicht unbedingt ausgefeilte Methoden, Techniken und Verfahren benötigt werden, zeigt die Erfahrung des größten finnischen Umweltverbandes SLL. In einem Gespräch erklärte deren Repräsentant, dass ihr derzeit erfolgreichstes Instrument für die Werbung neuer Mitglieder und Mitstreiter die Werbung durch eigene Mitglieder sei. Allerdings setzte dies auch einige Überlegungen, Vorbereitungen und Incentives seitens des Verbandes für die Mitglieder voraus, so dass schließlich gemeinsam eine „Member-gets-member-campaign" ins Leben gerufen werden konnte.

Der große Bereich des Fundraising hat sich in den untersuchten Ländern sehr weit ausdifferenziert und es kommt zu immer ausgefeilteren Ansätzen und Strategien. Teilweise ist der Aufwand für einige Methoden jedoch äußerst hoch und dürfte deshalb vor allem für kleinere Umwelt- und Nachhaltigkeitsorganisationen und -gruppen in Deutschland kaum in Frage kommen. Daher erscheint vor allem die intensive Auseinandersetzung mit dieser Thematik – ggf. durch externe Beratung – ist für spätere Erfolge von grundsätzlicher Bedeutung.

Generell hängt der Mobilisierungserfolg wesentlich von einer angemessenen Differenzierung der Adressaten ab. In diesem Zusammenhang wurde in den verschiedenen Staaten insgesamt ein breites Spektrum an Methoden entwickelt, das inzwischen teilweise auch in Deutschland von einigen Organisationen genutzt wird (siehe Radloff et al. 2001 und BMU 2004).

Zu den wichtigen, teilweise weiterverbreiteten Instrumenten des Fundraising zählen:

a) Regelmäßige monatliche oder quartalbezogene Spende

b) Kleine oder große Einzelspende

c) Übernahme von Patenschaften (bspw. für Tier, Bäume, Gebäude, Regionen etc.)

d) Nachlassspenden – hier erfolgt die Einladung, zu Lebzeiten testamentarisch einen Spendenbetrag an die jeweilige Organisation festzulegen

e) Spende zu Ehren und im Sinne eines/einer Verstorbenen

Gerade das Fundraising im Bereich "Nachlassspenden" und "Spende zu Ehren und im Sinne eines/ einer Verstorbenen" gewinnt aufgrund der demografischen Entwicklung in Deutschland an Gewicht. Es stellt zugleich aber besonders hohe Anforderungen an die betreibende Organisation, denn mit dem Adressatenkreis gilt es aufgrund der heiklen, komplizierten Thematik besonders sensibel umzugehen.

4.3 Lokale und nationale Mittlerorganisationen

Insbesondere in den USA existiert auf lokaler und regionaler Ebene eine gut ausgebaute Infrastruktur von Organisationen, die sich der Förderung und Vermittlung des bürgerschaftlichen Engagements in bereichsübergreifender Form widmen. Sie werben einerseits für freiwilliges Engagement in unterschiedlichen Bereichen (Soziales, Bildung, Umwelt etc.) und fungieren andererseits als Anlaufstelle für engagementwillige Personen. Die Vermittlung dieser Personen an entsprechende Non-Profit-Organisationen (wie Umwelt- und Naturschutzorganisationen), das Einwerben von Spenden sowie das Herbeiführen und Begleiten von Kooperationen zwischen NGOs und Unternehmen bilden die Haupttätigkeitsfelder dieser sogenannten Mittlerorganisationen. Ergänzend zu den verschiedenen regional tätigen Mittlerorganisationen existiert in den USA auf nationaler Ebene ein gut entwickeltes Netz von zentralen Vermittlungs-, Dach- und Fachorganisationen, die ihrerseits die lokalen Tochterorganisationen unterstützen. Ihre Tätigkeitsbereiche erstrecken sich über die Beratung von lokalen Non-Profit-Organisationen und Unternehmen in allen Fragen des bürgerschaftlichen Engagements, über das Organisieren von Tagungen, Publizieren von Fachliteratur und Durchführen empirischer Erhebungen und Forschungsarbeiten bis hin zum Fundraising. Hervorzuheben ist, dass diese nationalen Fachorganisationen zu einem beträchtlichen Teil durch öffentliche Fördermittel unterstützt werden: „Nach genauerer Prüfung (...) entdeckt man auch in den Vereinigten Staaten finanzielle Programme und Mechanismen in beachtlicher Vielfalt, mit denen die öffentliche Hand das Ehrenamt fördert und unterstützt."[32]

Einschlägige nationale Dach-Organisationen des bürgerschaftlichen Engagements in den USA sind zum Beispiel[33]:

- **„Corporation of National Service"** ist eine nationale Dachorganisation, mit Sitz in New York und Zweigstellen in allen US-Bundesstaaten, die Möglichkeiten für engagementbereite Bürgerinnen und Bürger anbietet, sich direkt in ihren Kommunen zu engagieren. Dabei werden die Freiwilligen an nationale und kommunale Non-Profit-Organisationen vermittelt. Dies geschieht über drei spezifische Programme, die mittels jeweiliger Unterprogramme den unterschiedlichen Interessen und Lebensaltern der interessierten Freiwilligen Rechnung tragen (Senior Corps, AmeriCorps, Learn and Serve America). Die freiwillige Arbeit bei Non-Profit-Organisationen umfasst dabei u.a. die Bereiche Bildung, Umwelt und öffentliche Sicherheit. (www.nationalservice.org).

- **„Points of Light Foundation"**: Nationales Netzwerk mit Sitz in Washington D.C., das Unternehmen, NGOs, finanzschwache Kommunen, Familien, Jugendliche und ältere Menschen für ein freiwilliges Engagement vor allem im sozialen Bereich mobilisiert und qualifiziert. Hierfür wird eine umfangreiche Anzahl von spezifischen Programmen und Unterstützungsleistungen geboten. Es erfolgt u.a. eine enge Kooperation mit dem Volunteer Center National Network (VCNN), das 360 lokale Volunteer Center in den USA vereint und mit dem gemeinsam tausende Kommunen und Millionen von Menschen direkt erreicht werden. Die „Points of Light Foundation" erhält etwa die Hälfte ihrer jährlichen Gesamteinnahmen aus verschiedenen staatlichen Programmen (rund 10 Mio. US$). Ergänzend dazu vermochte sie für das Jahr 2003 rund 6 Mio. US$ durch Fundraising und Sponsorenpartnerschaften einzuwerben (vgl. Homepage/ Financial Statement). Die finanzielle Unterstützung korrespondiert mit einer immer wieder öffentlich deklamierten Anerkennungskultur, die zum Teil von den höchsten politischen Repräsentanten getragen wird. Einen wichtigen Beitrag zu dieser Anerkennungskultur stellt auch die Vergabe von Preisen und Auszeichnungen auf allen Ebenen dar. (www.PointsofLight.org).

Des Weiteren sind hervorzuheben das „HandsOnNetwork" (ehemals "City Cares") und „United Way".[34]

---

[32] Ruder 2004:79; vgl. auch Enquete-Kommission 2002:461, Würz 2004:114, Ruder 2004.

[33] Weitere Organisationen, Kurzbeschreibungen und Website-Adressen finden sich bspw. in Würz 2004.

Diese zentralen Organisationen sind als eine Art „Engagementmakler" zu verstehen, die durch ihre umfangreichen Netzwerke, Kooperationen und Vermittlungstätigkeiten ein wesentliches Standbein im US-amerikanischen Freiwilligensektor darstellen. NGOs, die oftmals nicht über ausreichende personelle und finanzielle Ressourcen verfügen, können auf das Know-how und die Strukturen der zentralen Organisationen zurückgreifen, wenn sie Unterstützung für eigene Aktivitäten benötigen. Ein Schlüssel zum Verständnis der umfangreichen und starken Ausprägung des bürgerschaftlichen Engagements in den USA ist demzufolge die gute Einbindung von NGOs in lokale und nationale Netzwerke, die sich professionell mittels immenser Öffentlichkeitsarbeit, Fundraising, Beratung, Weiterbildung etc. der übergreifenden Generierung von bürgerschaftlichem Engagements widmen. Ohne diese unterstützenden Strukturen wäre es vielen kleineren und mittleren Initiativen und Organisationen, auch im Umweltbereich, nicht möglich, ihre Arbeit aufrechtzuerhalten.

4.4 Corporate Social Responsbility

Unternehmen spielen in den USA seit den 80er Jahren sowie mittlerweile auch in einigen westeuropäischen Ländern als Zielgruppe für bürgerschaftliches Engagement eine bedeutende Rolle. Unter den Leitbildern von „Corporate Social Responsibility" (CSR), „Corporate Citizenship" (CC) und „Nachhaltigkeit" engagieren sich Unternehmen in finanzieller, fachlicher und personeller Hinsicht für gesellschaftliche Belange auf kommunaler und nationaler Ebene und gehen diesbezüglich auch Kooperationen mit Non-Profit-Organisationen ein. Zur Vermittlung und Begleitung dieser bilateralen Kooperationen engagieren sich in den USA in erster Linie die im vorangegangenen Abschnitt dargestellten unabhängigen Vermittlungsorganisationen bzw. Engagementmakler. Sie versuchen, die unterschiedlichen Interessen der ungleichen Partner zu eruieren und – soweit möglich – in ein für beide Seiten gewinnbringendes Vorhaben zu integrieren.

Unter "Corporate Social Responsibility" wird allgemein das Wahrnehmen der Verantwortung von Unternehmen gegenüber der Gesellschaft verstanden. Das Konzept integriert die Einhaltung von sozialen und Umweltstandards und ist damit auf den schonenden Umgang mit Ressourcen und einen fairen Umgang mit den Ländern des Südens gerichtet. Das Leitbild eines „nachhaltig wirtschaftenden Unternehmens" geht jedoch weiter, da hier die bisher herrschenden Prinzipien des wirtschaftlichen Handelns grundsätzlich hinterfragt werden. Auf strategischer Ebene wird ein kontinuierlicher Verbesserungsprozess verankert, der nicht nur auf den immer effektiveren Umgang mit unwiederbringlichen Ressourcen ausgerichtet ist, sondern auf deren sukzessiven Ersatz, beispielsweise durch regenerative Energien und nachwachsende Rohstoffe.

---

[34] www.HandsOnNetwork.org; www.national.unitedway.org

Unter dem Begriff „Corporate Citizenship" wird speziell das Unternehmen als verantwortungsvoller *Bürger* verstanden. Das Leitbild bildet einen integralen Bestandteil der beiden oben erläuterten Konzepte. Seitens der Unternehmen werden die Begriffe „Corporate Social Responsibility" und „Nachhaltigkeit" zum Teil unterschiedlich ausgelegt und gebraucht. Die Darlegung der Unterschiede in beiden Ansätzen soll aber den Blick dafür freigeben, dass eine differenzierte, kritische Betrachtungsweise des oft als „zusätzlich" oder „freiwillig" bezeichneten gesellschaftlichen Engagements von Unternehmen geboten ist. Das erweiterte Unternehmens-Engagement soll glaubwürdig sein; dies ist es aber nur, wenn Unternehmen auch selbstverständlich ihrer gesellschaftlichen Verpflichtung nachkommen und in ihren eigentlichen Kernprozessen umwelt- und sozialverträglich handeln.

In einer aktuellen Untersuchung der 70 umsatzstärksten Unternehmen in Deutschland wurde als Fazit festgestellt: „Unternehmen haben bei CSR Nachholbedarf."[35]

Das Engagement von Unternehmen spielt sich auf zwei Ebenen ab. Zum einen leisten sie unter dem Stichwort „Corporate Giving" Finanz- und Sachspenden an gemeinnützige Organisationen oder direkt an die Kommune. Zum anderen, und dies hat sich in den USA in letzten Jahren deutlich verstärkt, erfolgt die Unterstützung von NGOs durch direktes personelles Engagement von Unternehmensmitarbeitern, was als „Corporate Volunteering" bezeichnet wird. Die praktizierten Engagementformen sind vielfältig und unterscheiden sich im Grad der Unterstützung der Unternehmen sowie auch in Intensität und Dauer der jeweiligen Mitarbeitertätigkeit.

Als erfolgreiche Formen des Corporate Volunteering in den USA sind im Hinblick auf eine Anwendung in Deutschland folgende Maßnahmen zu nennen:[36]

- Einrichtung einer innerbetrieblichen Informationsstelle für bürgerschaftliches Engagement: Das Unternehmen erhebt hierbei alle kommunalen Engagementmöglichkeiten und stellt diese in Form einer Datenbank seinen Mitarbeitern zur Verfügung.

- Durchführung von kurzfristigen und einmaligen Aktivitäten: Zur Durchführung von Events von Non-Profit-Organisationen stellt das beteiligte Unternehmen seine Mitarbeiter einen bezahlten Arbeitstag frei. Dies stellt in einigen Fällen den Auftakt eines kontinuierlichen Unternehmens- und Mitarbeiterengagements dar.

---

[35] Die Untersuchung wurde von Stach's Kommunikation & Management GmbH durchgeführt (www.umweltdialog.de/umweltdialog/csr_management/2006-02-20_CSR_Studie_ bescheinigt_Unternehmen_Nachholbedarf.php (Stand 27.9.2006)

[36] Vgl. Backhaus-Maul 2002, Enquete-Kommission „Zukunft des bürgerschaftlichen Engagements" Deutscher Bundestag 2002, S. 459.

- Virtuelles Engagement: Hierbei wird die Infrastruktur von Unternehmen genutzt, indem die Mitarbeiter eine NGO von ihrem Arbeitsplatz aus beispielsweise durch die Erstellung von Faltblättern, den Aufbau einer Homepage oder die Konzipierung einer Marketingkampagne unterstützen. Diese niedrigschwellige Engagementform findet breite Zustimmung, da sie sich gut in die jeweiligen Arbeitsabläufe integrieren lässt.
- Partnerschaften mit gemeinnützigen Organisationen: Diese Partnerschaften erfolgen in Form von kostenlosen Dienstleistungsangeboten für NGOs. Hierbei bringen Unternehmen ihre Expertise, ihre Geschäftsverbindungen und ihre professionellen Netze ein. Unternehmensmitarbeiter werden für die kontinuierliche oder mittelfristige Tätigkeit in einer NGO freigestellt, um dort beispielsweise das Management zu qualifizieren und zu effektivieren. Eine andere Form der Partnerschaft sind Mentoring- und Tutorenprogramme, bei denen sich Mitarbeiter in Schulen und Jugendhilfeeinrichtungen engagieren, u.a. um Jugendlichen in der Berufsfindungsphase zu unterstützen.

Zu erwähnen sind noch Wettbewerbe, die mit dem Ziel organisiert werden, ehrenamtliches Engagement national zu prämiieren und damit direkt bzw. indirekt zu unterstützen. Hier sei die Australia Bank erwähnt, die sei 1997 Volunteer Awards auslobt. Bislang wurden über 2 Millionen australische Dollars an Preisgeldern vergeben. Im Jahr 2005 können $ 364.000 ausgezahlt werden, wobei z.B. der Nominierungsprozess vereinfacht worden ist.[37]

Auf europäischer Ebene[38] nimmt Großbritannien hinsichtlich „Corporate Social Responsibility" und „Corporate Citizenship" eine gewisse Vorreiterrolle ein. Um große britische und internationale Unternehmen zu bürgerschaftlichem Engagement zu bewegen, wurde dort zu Beginn der 90er Jahre vom britischen Königshaus das „Prince of Wales Buisness Leader's Forum" initiiert.[39] Es bildet eine Austausch- und Motivationsplattform für diesbezügliche Unternehmensaktivitäten, trägt zur Verbreitung der Idee des „Corporate Citizenship" bei und übt dahingehend eine wirksame Multiplikatorenfunktion aus. Mittlerweile hat sich in Großbritannien auch eine umfangreiche Forschungslandschaft zu dieser Thematik herausgebildet. So agiert beispielsweise das Netzwerk "Business in the Community"[40] an der Schnittstelle zwischen Unternehmen und NGO's auf nationaler und bereits auch schon internationaler Ebene.

---

[37] www.national.com.au/ Community/0,,1699,00.html

[38] Weitere Beispiele aus europäischen Staaten siehe den Bericht des IZT an das UBA (Göll et al. 2005a).

[39] www.iblf.org

[40] www.bitc.org.uk

Eine weitere wichtige europäische Plattform manifestiert sich im Netzwerk „Corporate Social Responsibility Europe".[41] Dieser Zusammenschluss von europäischen Unternehmen mit Sitz in Brüssel dient vorrangig dem Austauch seiner Mitglieder sowie der Koordinierung europaweiter CSR-Aktivitäten. Das Forum wird von der Europäischen Kommission politisch und finanziell unterstützt. Die Bemühungen der Europäischen Kommission spiegeln sich ebenfalls im „Grünbuch: Europäische Rahmenbedingungen für soziale Verantwortung in Unternehmen" wieder, das als Richtlinie für verantwortungsvolles unternehmerisches handeln im Jahre 2001 herausgegeben wurde.

4.5 Anregungen für Engagementförderung in Deutschland

Aus den untersuchten Beispielen, Erfahrungen und Erkenntnissen aus einigen ausgewählten nordamerikanischen und europäischen Staaten können einige Schlussfolgerungen für die Förderung des ehrenamtlichen Engagements in Deutschland gezogen werden.

- In der verstärkten Zusammenarbeit mit den sich etablierenden Freiwilligenagenturen besteht auch in Deutschland ein Potenzial für Umweltschutzorganisationen, um direkt freiwilliges personelles Engagement von Einzelpersonen zu generieren.

- Lohnend ist auch in Deutschland die Nutzung von Homepages von entstehenden Netzwerken des bürgerschaftlichen Engagements.[42]

- Für kleine Organisationen und lokale Aktionen ist der Zusammenschluss zu Aktionsbündnissen unter einem bestimmten Slogan und mit einem einprägsamen Logo für die Schaffung von Öffentlichkeit von eminenter Bedeutung. Damit werden u.a. auch die Chancen zur Einwerbung von Mitteln bei regionalen Banken und Sparkassen erhöht, da diese das Logo für eine bestimmte Zeit nutzen und sich damit als Partner für Gemeinwohlinteressen darstellen können („Image").

- Im Gegensatz zu den USA ist in Deutschland die Einbeziehung von Senioren in bürgerschaftliches Engagement noch nicht ausgeschöpft. Mit Blick auf die Bevölkerungsentwicklung und das zunehmende Lebensalter sollte dieses im Wachsen begriffene Potenzial zukünftig systematisch und kontinuierlich genutzt werden. Informationen und Transferbeispiele bietet u.a. die Home-

---

[41] www.csreurope.org

[42] Hier sei das „Bundesnetzwerk Bürgerschaftliches Engagement" genannt, das nach den Handlungsempfehlungen der Enquete-Kommission zur Schaffung einer übergreifenden Austausch- und Vermittlungsplattform im ehrenamtlichen Bereich im Jahre 2002 gegründet wurde (www.b-b-e.de). Ein Best-Practice-Beispiel aus einem anderen Engagementbereich stellt die Website www.ehrenamt-im-sport.de des Deutschen Sportbundes dar.

page www.senioren-initiativen.de, auf der mehr als 1000 Engagement-Projekte vorgestellt werden oder auch der Band von Geißler/ Monninger 2006.

- Der Aufbau von Finanz- und Volunteering-Partnerschaften mit Unternehmen in den oben dargelegten Formen dürfte mit Sicherheit ein wichtiger zukünftiger Handlungsbereich von NGOs und Verbänden sein. Die Hinwendung an kompetente Mittler- und Beratungsorganisationen, zur Schaffung von Win-Win-Situationen und die Integration der jeweils unterschiedlichen Logiken in ein spezifisches Kooperationsprojekt wird von Fachleuten als ein wesentlicher Erfolgsfaktor für diese Partnerschaften betrachtet.

Die in diesem Kapitel dargestellten und diskutierten Erfahrungen und Erkenntnisse über Fundraising bzw. Ressourcenmobilisierung in ausgewählten Staaten deuten darauf hin, dass es keine singuläre "Zauberformel" oder "Wundermethode" gibt. Doch die Einzelbeispiele und die Gesamteinschätzung der Rechercheergebnisse laufen auf eine Formel hinaus, welche die Grundeinstellung oder Grundhaltung derjenigen Organisationen und Verbände betrifft, die von Anderen (Zielgruppen) etwas wollen, die also eine Verhaltensänderung bei ihren MitbürgerInnen zu initiieren gedenken: dies kann meist nur dann erfolgreich sein, wenn der Adressat in ausreichendem Maße als eigenständige, besondere Person mit ganz spezifischen Vorerfahrungen, Gewohnheiten, Vorlieben, Wünschen, Hoffnungen und Fähigkeiten angesehen wird.[43]

Diese neue Grundhaltung erfordert allerdings einen „Sinneswandel" bzw. eine Verstärkung des von einigen Organisationen bereits eingeschlagenen Sinneswandels in diese Richtung. Dies bezieht sich sowohl auf individuelle, mehr aber noch auf institutionell-organisatorische Einstellungen und Aspekte. Auch wenn diese Hürde aller Erfahrung nach nur schwer zu meistern und in der alltäglichen Arbeit, den Verhaltensweisen und den Verfahrensroutinen zu kultivieren ist, zeigt die Praxis in manchen anderen Gesellschaften und auch manchen deutschen Beispielen, dass es Strategien und Realisierungsmöglichkeiten dafür gibt. Hierzu sollen die genannten Beispiele und Erörterungen in diesem Kapitel als Anregung und Unterstützung dienen.

---

[43] Gerade die Klassiker der Soziologie wie Georg Simmel, Georg Herbert Mead und Max Weber und neuere Forschungsergebnisse thematisierten und belegen die Bedeutung der gegenseitigen Perspektivenübernahme für gelingende Kommunikations- und Arbeitsprozesse. Siehe Rosenberg 2004, und in theoretischer Fundierung mit Bezug auf Umwelt- bzw. Nachhaltigkeitskommunikation auch Häusler 2004, Schack 2004 und Michelsen/ Godemann 2005.

5. Motivationen für Umweltengagement

Für die Frage, wie Engagement für Umwelt- und Naturschutz stärker aktiviert und gefördert werden kann, ist es wichtig zu verstehen, weshalb sich Menschen im Umweltbereich engagieren, welche Motivationen sie antreiben und wie sie zu ihrem Engagement gekommen sind.

Im Folgenden wird zunächst auf Motive für Bürgerschaftliches Engagement übergreifend über die verschiedenen Engagementbereiche eingegangen. Danach werden die Ergebnisse aus den acht Fokusgruppen, die das IZT durchgeführt hat, vorgestellt. In den Fokusgruppen wurde nach den Motiven gefragt, weshalb sich Menschen speziell im Bereich Umwelt engagieren (finanziell oder ehrenamtlich).

5.1 Motivationen für bürgerschaftliches Engagement allgemein

In dem Bericht der Enquete-Kommission „Zukunft des bürgerschaftlichen Engagements" (2002) wird in Anlehnung an Anheier/ Toepler (2001) zwischen vier verschiedenen Motivbündeln für freiwilliges Engagement unterschieden:

a) Altruistische Motive (Solidaritätsgefühl, Mitgefühl, Identifikation mit Menschen in Not etc.);

b) Instrumentelle Motive (neue Erfahrungen machen, Fertigkeiten lernen, sinnvolle Nutzung der Freizeit, andere Menschen treffen, persönliche Zufriedenheit finden etc.);

c) Moralisch-obligatorische Motive (moralische oder religiöse Pflichten, politische Verpflichtungen und Wertekonzeption etc.);

d) Gestaltungsorientierte Motive (aktive Partizipation und Mitbestimmung, Kommunikation, Veränderung von gesellschaftlichen Missständen).

Im Freiwilligensurvey (BMFSFJ 2001, BMFSFJ 2000a) wurden bei den befragten BürgerInnen ebenfalls ihre Motive für das freiwillige Engagement erforscht. Dies geschah dort allerdings in Form von konkreten Erwartungen („Welche Erwartungen haben Sie an die ehrenamtliche Tätigkeit?").

Folgende Erwartungen im Hinblick auf das freiwillige Engagement wurden von den Befragten genannt (hier in der Reihenfolge der Häufigkeit ihrer Nennungen aufgeführt):

- Dass die Tätigkeit Spaß macht;
- Mit sympathischen Menschen zusammenkommen;
- Etwas für das Gemeinwohl tun;
- Anderen Menschen helfen;
- Eigene Kenntnisse und Erfahrungen erweitern;
- Eigene Verantwortung und Entscheidungsmöglichkeiten haben;

- Für die Tätigkeit auch Anerkennung finden;
- Berechtigte eigene Interessen vertreten;
- Eigene Probleme selbst in die Hand nehmen;
- Dass die Tätigkeit auch für berufliche Möglichkeiten nutzt.

An der Spitze der Erwartungen stehen in dieser Untersuchung also zwei instrumentelle Motive (die Tätigkeit soll Spaß machen, mit sympathischen Menschen zusammenkommen). Dies geht aber Hand in Hand mit altruistischen Motiven „Etwas für das Gemeinwohl tun" und „anderen Menschen helfen".

Die Ergebnisse aus dem Freiwilligensurvey wie auch aus der Enquete-Kommission zeigen, dass sich Selbstbezug und Gemeinwohlorientierung offensichtlich nicht ausschließen, sondern spezifische Verbindungen eingehen. Diese Beobachtung bzw. dieser Trend findet sich auch in anderen Gesellschaften wieder. So wurden im Rahmen des „International Year of Volunteers 2001" im Bericht über Schweden folgende Motive für freiwilliges ehrenamtliches Engagement genannt: „to enhance ones personal social capital, family tradition, peer pressure, be a voice for vulnerable people, be part of the democratic process of society, create meaning in your life, to help people etc."[44]

In der untersuchten Literatur werden verschiedene Veränderungen im bürgerschaftlichen Engagement konstatiert: zum einen sei ein gewisser Wandel des Ehrenamtes zu beobachten, weg von langfristigem Engagement, mit dem man fest in eine Organisation eingebunden ist, hin zu kurzfristigem, eher projektgebundenem Engagement (Stichworte „Neues Ehrenamt" bzw. „Strukturwandel des Ehrenamts").[45] Wobei dies nicht unbedingt bedeutet, dass alte Engagementformen durch neue ersetzt werden. Vielmehr ist eine stärkere Differenzierung und neue Häufigkeit von Engagementformen zu beobachten.

Zum anderen wird eine Veränderung bei den Motiven der Engagierten festgestellt: ein Wandel von pflichtbezogenen Motiven hin zu stärker selbstbezogenen Motiven (wie Selbstverwirklichung, Bereicherung der eigenen Lebenserfahrung etc.) (Enquete-Kommission 2002). Inwieweit es sich hierbei allerdings um einen tatsächlichen Motivwandel handelt, oder ob sich die Befragten heutzutage aufgrund des liberaleren Zeitgeistes etc. eher trauen als früher, selbstbezogene Motive auch zuzugeben, bleibt eine offene Frage.

---

[44] http://www.iyv-2001.org/
[45] Sowohl Bericht der Enquete-Kommission 2002 als auch Freiwilligensurvey 2001.

5.2 Motivationen für Umweltengagement – Ergebnisse der Fokusgruppen

5.2.1 Motivationen für die finanzielle Unterstützung bzw. Mitgliedschaft in einer Umweltorganisation

Als Ergebnis aus den Fokusgruppen-Untersuchungen des hier vorgestellten Forschungsvorhabens lassen sich verschiedene Motive für eine Mitgliedschaft in einer Umweltorganisation bzw. Spendenbereitschaft für Umweltorganisationen identifizieren. Dabei stechen insbesondere drei Motivbündel hervor.

Beim ersten Motivbündel ist das Umweltengagement eingebettet in ein generell hohes gesellschaftliches und politisches Engagement einer Person. Mehrere der Befragten berichten, dass sie sich dem Umwelt- und Naturschutz verpflichtet fühlen *„aus Wut und Empörung über die Naturzerstörung"*, durch die Anti-Atomkraft-Bewegung oder über die gesellschaftliche Auseinandersetzung mit den Gefahren durch Umweltzerstörung. Gemeinsam ist ihnen, dass sie eine starke moralisch-gesellschaftliche Verpflichtung empfinden, etwas für die Umwelt zu tun.

Das zweite Motivbündel lässt sich als eine starke Naturverbundenheit beschreiben, meist hervorgerufen durch Erlebnisse und Erfahrungen in der Kindheit. Mehrere der Befragten berichten, dass sie auf dem Land aufgewachsen sind und dadurch seit ihrer Kindheit die sie umgebende Natur auf unmittelbare und sinnliche Weise erfahren haben. Für diese Befragten spielt die Liebe zur Natur die entscheidende Rolle sowie der Wunsch, die Natur zu schützen und auch für zukünftige Generationen zu erhalten.

> *„Wichtig war für mich das Gefühl, anderen Menschen etwas zu ermöglichen, mit dem ich groß geworden bin: ein Aufwachsen in der Natur."*

Das dritte Motivbündel besteht in dem Wunsch, den Umweltverbänden ein stärkeres politisches Gewicht zu geben. Hier steht die Lobbyfunktion der Umweltverbände im Vordergrund, die man persönlich unterstützen möchte - sowohl finanziell als auch symbolisch durch die Mitgliedschaft - gegenüber der herrschenden Politik und der als übermächtig empfundenen Wirtschaft.

Die Mitgliedschaft in einer Organisation erfüllt auch eine Art Stellvertreterfunktion. Mehrere Befragte gaben an, dass sie aus Zeitknappheit oder anderen Gründen nicht selbst aktiv werden können oder wollen, und daher einen Verband unterstützen, damit sich dieser (gewissermaßen „stellvertretend") für Umweltbelange einsetzen kann. Hier müssen allerdings zwei Gruppen voneinander unterschieden werden. Zum einen diejenigen, die sich explizit als passives Mitglied einordnen und auch sehr bewusst hinter dieser Rolle stehen.

> *„Ich zahle dafür, dass andere sich aktiv kümmern können."*

Zum anderen diejenigen, die eigentlich mehr tun wollen, dies jedoch bisher aus unterschiedlichen Gründen nicht realisiert haben. Ein Teil der Befragten spricht in diesem Zusammenhang davon, ein schlechtes Gewissen zu haben, da sie sich der Notwendigkeit eines Engagements für die Umwelt sehr bewusst sind, selber aber (bisher) den entscheidenden Impuls für ein eigenes aktives Engagement nicht aufgebracht haben. Bei mehreren Befragten spielt die Bewunderung für die Arbeit der Umweltorganisationen eine Rolle, weshalb sie die Organisationen finanziell unterstützen.

Tab. 5.1 Überblick über die Motivationen für Mitgliedschaft/ Spendenbereitschaft

Motivation für die Mitgliedschaft in einer Umweltorganisation/ Spendenbereitschaft
Starkes gesellschaftliches und politisches Verantwortungsgefühl. Etwas für die Umwelt tun wollen.
Starke Naturverbundenheit, meist hervorgerufen durch positive Erfahrungen und Erlebnisse in der Kindheit.
Persönliche Betroffenheit durch Umwelt-/ Naturzerstörung.
Vorbildfunktion den Kindern gegenüber wahrnehmen
Wunsch, den Umweltverbänden ein stärkeres politisches Gewicht zu geben (Unterstützung der Lobbyfunktion der Umweltverbände).
Stellvertreterfunktion der Umweltverbände: „Ich zahle, damit andere aktiv werden können".
Schlechtes Gewissen, nicht selbst aktiv zu sein.
Bewunderung für die gute Arbeit der Umweltorganisationen, die man unterstützen möchte.

5.2.2 Motivationen für ehrenamtliches Engagement im Umweltbereich

Ähnlich wie bei den passiven Mitgliedern steht auch bei den ehrenamtlich Aktiven die Möglichkeit, gesellschaftlich etwas verändern und Missstände, vor allem die Umweltzerstörung, bekämpfen zu können, in der Reihe der Motive ganz vorne. Bei den von uns befragten Neuen Ehrenamtlichen war dieses Motiv sehr stark ausgeprägt. Die Befragten wollen ihren gesellschaftlichen Handlungs- und Gestaltungsspielraum aktiv wahrnehmen und nutzen.

> *„Ehrenamtliches Engagement ist für mich damit verbunden, etwas zu finden, was ich ganz konkret verändern kann, wo ich mir selber beweisen kann, dass ich die Welt ein kleines Stück verändern kann."*

Für viele spielt dabei die persönliche Betroffenheit (sei es durch lokale Umweltprobleme *„vor der eigenen Haustür"*, oder durch bestimmte negative Schlüsselerlebnisse, siehe unten) eine Rolle.

Sehr ausgeprägt ist bei den Neuen Ehrenamtlichen auch das Motiv, durch das ehrenamtliche Engagement eigene Ideen und Projekte verwirklichen zu können. Die Gruppe ist durch große Selbständigkeit in ihrem Engagement gekennzeichnet. Viele der Befragten haben recht genaue Vorstellungen davon, was sie tun und wo sie ansetzen wollen, so dass hier eher die Suche nach geeigneten Mitstreitern, Förderern und nach einem geeigneten „Engagementumfeld" im Vordergrund steht. Ihre Kompetenzen und Fähigkeiten gezielt einbringen zu können, ist für sie dabei ein zentraler Aspekt.

Wie bei den Passiven Mitgliedern ist auch in der Zielgruppe der Neuen Ehrenamtlichen die Liebe zur Natur (geprägt durch bestimmte Erlebnisse und Erfahrungen) ein wichtiges Motive. Hier steht vor allem die emotionale Komponente (das sinnliche Erleben von Natur, aus dem heraus der Wunsch entsteht, die Natur erhalten zu wollen) im Vordergrund.

Neben den gesellschaftsorientierten und emotionalen Motiven wurde in den Diskussionen deutlich, dass bestimmte praktische und selbstbezogene Motive ebenfalls eine erhebliche Rolle für das ehrenamtliche Engagement spielen. Wichtig ist für die Ehrenamtlichen, dass sie nicht nur in die Organisation oder das Projekt investieren, sondern dass sie auch für sich etwas daraus „gewinnen" und mitnehmen (z.B. Lernen neuer Fähigkeiten, Ausbau von Kompetenzen, die sie auch im Studium oder Beruf anwenden können, die Möglichkeit, sich ehrenamtliches Engagement als Studien- oder Berufspraktikum anerkennen zu lassen etc.).

„Ein wichtiger Aspekt für die ehrenamtliche Arbeit ist die Gegenseitigkeit von Geben und Nehmen. Ich habe bei meinem Engagement viel gelernt, was auch fürs Studium gut war. Man hat nicht nur gegeben, sondern auch selbst etwas zurückbekommen."

Das ehrenamtliche Engagement wird auch als sinnvolle Beschäftigung gesehen, um individuelle Phasen der Arbeitslosigkeit oder des Übergangs (z.B. von der Schule zum Studium) zu überbrücken. Das Engagement dient hierbei ganz deutlich auch dazu, sich zu orientieren, eigene Kompetenzen auszubauen und Tätigkeitsfelder im Umweltbereich kennen zu lernen. Für mehrere der TeilnehmerInnen ist es Ziel, irgendwann einmal hauptamtlich im Umweltbereich zu arbeiten.

Ein weiteres Motiv für die TeilnehmerInnen ist es, mit Gleichgesinnten zusammenzukommen. Menschen mit einem ähnlichen Anliegen und gleicher Anschauung zu treffen, sich auszutauschen und gemeinsame Ziele zu verfolgen ist für viele ein wichtiger Aspekt ihres Engagements.

„Es ist wichtig, Gleichgesinnte aufzutun. Es bringt viel Kraft und Motivation zu sehen, dass es noch mehr Leute mit dem gleichen Anliegen gibt."

Mehrere Befragte gaben als Motiv für ihr Engagement an, einen Ausgleich zu ihrer beruflichen Tätigkeit zu schaffen. So will beispielsweise ein Teilnehmer mit der ehrenamtlichen Tätigkeit einen Ausgleich zu seinem analytischen Job und eine Möglichkeit zum Ausleben seiner Kreativität schaffen. Andere sehen im Ehrenamt die Möglichkeit, tatsächlich etwas Sinnvolles zu tun und etwas zu bewirken, was in Studium bzw. Beruf so nicht möglich sei.

Tab. 5.2 Überblick über die Motivationen für ehrenamtliches Engagement

Motivation für ehrenamtliches Engagement im Umweltbereich
Gesellschaftlichen Handlungs- und Gestaltungsspielraum aktiv wahrnehmen und nutzen. Gesellschaftlich etwas verändern wollen und Missstände, vor allem die Umweltzerstörung, bekämpfen
Eigene Ideen und Projekte verwirklichen
Eigene Kompetenzen und Fähigkeiten einbringen
Persönliche Betroffenheit
Vorbildfunktion den Kindern gegenüber ausüben
Liebe zur Natur (geprägt durch bestimmte positive Erlebnisse und Naturerfahrungen)
Mit Gleichgesinnten zusammenkommen und gemeinsame Ziele verfolgen
Eigene Kenntnisse und Fähigkeiten ausbauen und weiterentwickeln („Ich möchte bei meinem Engagement nicht nur etwas investieren, sondern auch selbst etwas zurückbekommen.")
Sinnvolle Beschäftigung, um Phasen der Arbeitslosigkeit oder des Übergangs zu überbrücken
Weiterqualifizierung mit Blick auf eine spätere hauptamtliche Beschäftigung im Umweltschutz
Ausgleich zum Studium/ Beruf

5.2.3 Engagementform „Neues Ehrenamt"

Bei der Frage, warum gerade diese Form des Engagements („Neues Ehrenamt", also projektgebundenes, eher kurzfristiges Engagement, bei dem man sich nicht langfristig an eine Organisation bindet) gewählt wurde, stand für die Befragten der Aspekt im Vordergrund, dass man sich nicht fest oder langfristig an eine Organisation oder an ein Thema binden, sondern flexibel sein möchte, sich in unterschiedlichen Bereichen und Initiativen zu engagieren. Man will sich so die Möglichkeit offen halten, sich weiterzuentwickeln (z.B. für andere Themen oder andere Tätigkeiten) und in unterschiedliche Themen und Initiativen zwanglos „reinzuschnuppern". Hierbei spielt der Aspekt der Selbstverwirklichung eine deutliche Rolle: für viele steht die Möglichkeit, eigene Ideen und Projekte verwirklichen zu können, im Vordergrund.

Mehrere Befragte betonen zudem, dass sie sich nicht generell für eine bestimmte Organisation oder einen bestimmten Bereich „verpflichten" wollen, sondern ihre Zeit und ihre Ressourcen gezielt für ganz konkrete Themen und Projekte einsetzen wollen, die ihnen am Herzen liegen. Daneben spielen auch praktische Aspekte eine Rolle. In der heutigen Zeit, in der sich die Lebensumstände schnell ändern (beispielsweise durch Umzug, Jobwechsel, Zeiten der Arbeitslosigkeit etc.), sei auch im ehrenamtlichen Engagement Flexibilität gefragt. Ein flexibles, eher punktuelles Engagement wird von den Befragten als die zeitgemäßere Form des Engagements gesehen.

Auch wird von verschiedenen Personen eine Unzufriedenheit mit der „klassischen Vereinsarbeit" geäußert. Kritisiert werden hier vor allem die hierarchischen Strukturen und die „Bevormundung" durch Hauptamtliche sowie die Schwerfälligkeit und Unflexibilität der Organisationen und Verbände, die es sehr schwer machen dort als Ehrenamtlicher eigene Ideen einzubringen und umzusetzen. Allerdings handelt es sich dabei nicht immer um eigene Erfahrungen, sondern um einen generellen Eindruck, ein Image, dass aber gleichwohl wirkungsmächtig ist.

5.3 Zugangswege für das Thema Umwelt, Mitgliedschaft und Engagement

Die Fokusgruppen-Teilnehmer wurden auch dazu befragt, wo ihr Interesse für Umweltthemen herrührt bzw. wie es dazu kam, dass sie ehrenamtlich im Umweltbereich aktiv wurden. Folgende Faktoren wurden von den Befragten als ausschlaggebend und wichtig genannt.

Hervorzuheben ist die Bedeutung von persönlichen Kontakten sowie des unmittelbaren sozialen Umfeldes für das Umweltbewusstsein. So gaben viele der Befragten an, über Freunde, Bekannte oder die Familie Zugang zu Umweltthemen bekommen zu haben. Viele der Befragten berichteten, dass eine gewisse ökologische Sensibilisierung bei ihnen bereits in der Kindheit angelegt wurde, insbesondere durch das Elternhaus und das engere Umfeld, wo umweltfreundliche Verhaltensweisen selbstverständlich waren und vermittelt wurden (z.B. Kauf von Bio-Lebensmitteln, Mülltrennung etc.).

Daneben spielen für den Zugang zu Umweltthemen auch die Erfahrungen aus der Zeit der politischen Bewegungen der 70er und 80er Jahre eine Rolle. Mehrere der Befragten gaben an, dass ihr Umweltbewusstsein maßgeblich durch diese Zeit des verbreiteten alternativ-politischen Aufbruchs geprägt und beeinflusst wurde (z.B. durch die Anti-Atomkraft-Bewegung sowie durch die generelle gesellschaftliche Sensibilisierung für die Umweltproblematik).

„Die 70er Jahre waren sehr politisch. Es war die
Zeit der großen Bewegungen, hier war ein
Engagement geradezu zwingend."

Des Weiteren wurden einzelne positive oder negative Schlüsselerlebnisse genannt, wie z.B. die Reaktorkatastrophe von Tschernobyl sowie die Vergiftung des Rheins durch den Chemieunfall der Firma Sandoz. Zu Schlüsselerlebnissen positiver Art gehören z.B. schöne Naturerlebnisse und beglückende Erfahrungen (häufig aus der Kindheit und Jugend), die bei den Beteiligten den Wunsch bestärkten Natur und Umwelt zu schützen und zu erhalten.

Für die konkrete Entscheidung, eine Umweltorganisation als Fördermitglied zu unterstützen, wurden von den Fokusgruppen-TeilnehmerInnen verschiedene Zugangswege angegeben: durch Zeitungsannoncen oder die Berichterstattung in der Presse, Stand- oder Straßenwerbern eines Verbandes.[46] Und schließlich haben verschiedene Befragte aktiv nach einer Organisation gesucht, um die Umweltarbeit finanziell zu unterstützen.

Als bedeutsamer Zugang zum ehrenamtlichen Engagement wurde von den befragten Ehrenamtlichen der Einstieg über Praktika, Zivildienst und das freiwillige ökologische Jahr (FÖJ) angegeben. So berichteten beispielsweise vier von neun Befragten einer Fokusgruppe, dass sie über ein Praktikum oder das FÖJ zur ehrenamtlichen Arbeit gekommen sind.

5.4 Ergebnisse aus der Repräsentativerhebung „Umweltbewusstsein in Deutschland 2004"

Auch in der repräsentativen Studie „Umweltbewusstsein in Deutschland 2004" wurde nach den Motiven für das Umweltengagement gefragt. Hierzu wurden den Befragten verschiedene Statements zur Bewertung vorgelegt.

---

[46] Allerdings war diese Art der Mitgliederwerbung in den Gruppen sehr umstritten. Während einige das Anwerben auf der Straße durchaus positiv bewerten, sieht die Mehrheit der Befragten diese Art der Ansprache (insbesondere durch professionelle Werber) sehr kritisch und fühlt sich durch das zum Teil sehr massive Auftreten genervt.

Tab. 5.3: Motivation zum Engagement im Umwelt- und Naturschutz

Angaben in % derer, die sich bereits aktiv im Umwelt- oder Naturschutz engagieren	Erhebung 2004				
	stimme voll und ganz zu	stimme weitgehend zu	stimme eher nicht zu	stimme überhaupt nicht zu	Mittelwert*
Code	1	2	3	4	
aus Liebe zur Natur	60	35	4	1	1,47
weil ich Verantwortung übernehmen möchte	51	40	7	2	1,61
aus Freude und Spaß	42	46	8	4	1,74
aus persönlicher Betroffenheit	30	38	24	8	2,09
weil ich meine Freizeit sinnvoll gestalten will	29	42	16	13	2,13
weil ich meine Fachkompetenz einbringen kann	24	38	26	12	2,27
um soziale Kontakte zu knüpfen	9	45	36	10	2,46
um politisch etwas zu erreichen	18	33	28	21	2,51
um mich persönlich/ beruflich zu qualifizieren	3	17	48	32	3,08

Frage: Aus welcher Motivation heraus engagieren Sie sich? Bitte sagen Sie mir, inwieweit Sie den folgenden Aussagen zustimmen oder nicht zustimmen.
* Durchschnitt der jeweiligen Bewertungen (Codes von 1 bis 4): Je kleiner der Mittelwert, desto größer ist die Zustimmung.
Quelle: BMU/UBA 2004, S. 75

Bei den Motiven für das Engagement stehen „die Liebe zur Natur", „die Übernahme von Verantwortung" sowie „Freude und Spaß an der Sache" bei den Befragten an höchster Stelle. Danach folgen die Motive „persönliche Betroffenheit", „weil ich meine Freizeit sinnvoll gestalten will" und „weil ich meine Fachkompetenz einbringen kann".

Diese Ergebnisse decken sich weitgehend mit den Ergebnissen aus unseren Fokusgruppen. Auch dort nannten die Befragten als zentrale Motivation für ihr Engagement die Übernahme von Verantwortung („Gesellschaftlich etwas verändern wollen und Missstände, vor allem die Umweltzerstörung, bekämpfen") sowie die Liebe zur Natur/ Naturverbundenheit. Der Punkt „Spaß an der Tätigkeit" wurde in den Fokusgruppen zwar nicht als zentraler Treiber für das Engagement genannt, dennoch wurde dieser Aspekt als wichtige Voraussetzung für ein Engagement hervorgehoben.

Im Unterschied zu den Ergebnissen der Repräsentativerhebung, wurden in den Fokusgruppen aber auch sehr deutlich bestimmte instrumentelle und praktische Motive als wichtig hervorgehoben: „Eigene Kenntnisse und Fähigkeiten ausbauen und weiterentwickeln", „Sinnvolle Beschäftigung, um Phasen der Arbeitslosigkeit oder des Übergangs zu überbrücken". Im Gegensatz dazu gab es bei der Befragung Umweltbewusstsein 2004 für den Aspekt „um mich beruflich oder persönlich zu qualifizieren" kaum Zustimmung (80% stimmten dieser Aussage nicht zu). Hier ist allerdings der Aspekt der sozialen Erwünschtheit bestimmter Antworten zu berücksichtigen. So ist zu vermuten, dass es beim Thema ehrenamtliches Engagement Befragten sehr viel schwerer fällt auch praktische, eher selbstbezogene Motive zuzugeben, als die sozial anerkannten und erwarteten gemeinnützigen oder altruistischen Motive.

6. Hemmnisse und Voraussetzungen für das Umweltengagement – Empirische Ergebnisse

Neben der Erhebung der Motive und Zugangswege für ehrenamtliches Engagement spielte in der Studie die Frage, wie das bei Bürgerinnen und Bürgern vorhandene Engagementpotenzial aktiviert werden kann, eine zentrale Rolle. Folgende Aspekte standen dabei im Vordergrund:

- Welche Hemmnisse und Defizite stehen einem Umweltengagement entgegen?
- Wie unterschieden sich verschiedene Zielgruppen hinsichtlich ihres Engagements bzw. ihres Engagementpotenzials?
- Unter welchen Umständen können sich Bürgerinnen und Bürger ein Engagement im Umweltbereich vorstellen?
- Welche Wünsche und Vorschläge zur Verbesserung des Engagements gibt es?

Diese Fragen wurden zum einen in den Expertengesprächen thematisiert, zum anderen bildeten sie einen Schwerpunkt bei den von uns durchgeführten Fokusgruppen.

6.1 Ergebnisse aus den Expertengesprächen

6.1.1 Hemmende Faktoren in den Verbänden

Die Umwelt- und Naturschutzverbände haben nach allgemeiner Einschätzung in ihrer Tätigkeit mit vielfältigen Widrigkeiten zu kämpfen. Im Folgenden werden einige der als wesentlich angesehenen und im Rahmen des Forschungsvorhabens eruierten hemmenden und fördernden Faktoren dargestellt. Dabei wird zwischen innerverbandlichen und externen/ kontextuellen Faktoren unterschieden.

Angesichts der eingangs skizzierten gesellschaftlichen Gesamtlage (Kapitel 2) sind viele der Umwelt- und Naturschutzverbände mit den vielfältigen Herausforderungen des komplizierter werdenden Arbeitsalltags beschäftigt. Einige ringen um ihr Überleben in diesem turbulenter werdenden Umfeld und agieren nach Auffassung der befragten Expertinnen und Experten – wie viele andere Organisationen und Unternehmen auch – meist im Sinne des „Durchwurstelns" („muddling through"). Eingebunden in durchaus bewährte und funktionale Arbeitsabläufe und Gewohnheiten versuchen sie sich durch kleine inkrementelle Innovationen vorwärts zu tasten in eine unüberschaubare und unsichere Zukunft.

In den Verbänden ist die Auffassung verbreitet, über nicht genügend Ressourcen zu verfügen, um wirklich neue Wege zu gehen, bei denen der Ausgang offen und damit auch ein Erfolg nicht sicher ist. Hier kommt noch hinzu, dass von den jeweiligen Vorständen meist keine Unterstützung, sondern häufig eher Kritik erfolgt, wenn nicht unverzüglich Erfolge verzeichnet werden können.

Das heißt insgesamt auch, dass in den meisten Umwelt- und Naturschutzverbänden über erste interessante Ansätze hinaus noch kein hinreichend stark verbreitetes Bewusstsein dafür existiert, dass freiwilliges Engagement einer gezielten Förderung und Unterstützung sowie professioneller Koordination bedarf. Ein Interviewpartner äußerte dazu: „Es muss ein Bewusstsein dafür geschaffen werden, dass Freiwilligenförderung nicht von alleine und nebenher läuft, sondern dass es eine zentrale Aufgabe der Organisation ist, die bewusst vorangetrieben werden muss." Von den befragten Experten wurde fast einhellig die Auffassung vertreten, dass die traditionelle Einstellung sich ändern müsse. So sollten Freiwilligenkoordination und -management von den Verbänden als zentrale Handlungsfelder angesehen werden, die auch den Einsatz entsprechender Ressourcen wie Zeit, Geld und Know-how erfordern. Als wichtige Aspekte zur Förderung des freiwilligen Engagements werden von den Expertinnen und Experten vor allem die Schaffung einer Kultur der Anerkennung in den Verbänden, die Schaffung von Verantwortlichen in den Verbänden (Einsetzen eines Freiwilligenkoordinators) und Qualifizierungs- und Weiterbildungsangebote für freiwillig Engagierte angesehen.

Als weitere sehr wichtige Aspekte zur Förderung des freiwilligen Engagements wurden eine bessere Beteiligung und Mitbestimmung der Freiwilligen in den Organisationen genannt. Wichtig sei es, Ehrenamtliche an den Diskussionsprozessen und an den Entscheidungen in den Organisationen intensiver zu beteiligen, um so Transparenz zu erzeugen und eine Identifizierung zu ermöglichen.

Dringender Handlungsbedarf wird zudem darin gesehen, dass insbesondere in den größeren Verbänden ein stärkeres Verantwortungsgefühl gegenüber der „Basis" bzw. den Ortsgruppen (wieder) zu entwickeln sei.

Auch im Bereich des Fundraising ist nach den Einschätzungen der befragten Expertinnen und Experten eine ähnliche Situation in den Umweltorganisationen festzustellen. Demnach fehlt hier ebenfalls ein Bewusstsein dafür, dass sich Investitionen in Fundraising auszahlen. Doch sowohl die Potenziale als auch die verschiedenen Instrumente sind zum großen Teil unbekannt und es mangelt häufig an der Bereitschaft, für deren Erschließung und Einsatz Geld und Ressourcen zu investieren. In den meisten Umwelt- und Naturschutzverbänden gibt es keine hauptamtlichen Mitarbeiter, die sich mit der Finanzierungsfrage erfahrungsbasiert und kontinuierlich befassen können und sollen. Fachleute aus dem Bereich des Fundraising vertreten die Auffassung, dass es abzusehen sei, dass „der Markt" hier die Situation mittelfristig „bereinige", indem der zunehmende Problemdruck die Umweltorganisationen zu Innovationen bzw. Adaptionen zwinge: „Wer hingegen nicht mitmacht bzw. angemessen reagiert, fällt hinten runter." In diesem Sinne sei die öffentliche Finanzierung der Umweltorganisationen auf Dauer ein unzureichender Weg. Vielmehr – bzw. ergänzend – müsse die Eigenaktivität der Organisationen in Richtung Mitteleinwerbung und Fundraisingstrategien vorangetrieben und gefördert werden. Unterstützung durch den Staat solle somit vor allem als "Hilfe zur Selbsthilfe" bzw. als „Hilfe zur Entwicklung" erfolgen.

6.1.2 Hemmende Faktoren in Politik und Gesellschaft

Ein wesentliches gesellschaftliches Hemmnis wird von den befragten Expertinnen und Experten in der fehlenden bzw. zu geringen Anerkennung des freiwilligen Engagements durch Medien, Politik und Wirtschaft gesehen. Als positives Gegenbeispiel zu dieser mangelnden „Kultur der Anerkennung" wird die Situation in den USA und einigen anderen Staaten genannt: Dort werde freiwilliges Engagement beispielsweise als wichtige Erfahrung im Lebenslauf gewertet und stelle einen wichtigen Baustein für die Karriere dar.

Neben diesem allgemeinen gesellschaftlich-kulturellen Befund wurde häufig auf die finanzielle Situation der Akteure im Bereich der Umwelt- und Naturschutzarbeit hingewiesen. Vor allem aufgrund der immer schwieriger werdenden Lage der öffentlichen Haushalte auf allen Ebenen des deutschen föderalen Systems ist eine Unterstützung der Arbeit immer weniger gewährleistet, obgleich die Anforderungen und Ansprüche gleichzeitig gestiegen seien. So werden für viele Verbände und Organisationen feste Zuschüsse z.B. von der jeweiligen Gemeinde oder Stadt fast jedes Jahr gekürzt. Dies hat oftmals zur Folge, dass damit auch weniger Geld für eine Kofinanzierung zur Verfügung steht, und dadurch die Finanzsituation noch weiter verschlechtert wird.

Als problematisch wird auch eingeschätzt, dass zu wenige Fördereinrichtungen ehrenamtliche Arbeit der Verbände als Parameter/ Größe zur Anrechnung als Kofinanzierung anerkennen (z.B. ist dies ein großes Problem vor allem bei Anträgen an die EU).

Im Zusammenhang mit staatlichen Einrichtungen – z.B. Umweltbehörden – wurde konstatiert, dass diese derzeit oftmals selbst sehr überlastet sind und daher den Umwelt- und Naturschutzverbänden kaum Hilfestellung leisten können, wie dies beispielsweise bei EU-Anträgen oder ähnlichen Aktivitäten erforderlich und sinnvoll wäre.

Allgemein von Bedeutung ist nach Ansicht aller Expertinnen und Experten die Klärung und Verbesserung der Rahmenbedingungen für freiwilliges Engagement, vor allem des Versicherungsschutzes für freiwillig Engagierte (Kranken- und Unfallversicherung sowie Haftpflichtversicherung) und die Bereitstellung von Aufwandsentschädigungen (z.B. Absetzbarkeit von der Steuer, Auslagenerstattung etc.). Darüber hinaus fehlt es – insbesondere in kleineren Organisationen – oft auch an der nötigen Infrastruktur (Räume, Computer etc.).

Diese von den befragten Expertinnen und Experten vorgebrachten Einschätzungen über hemmende Faktoren für eine bessere Mobilisierung der Engagementpotenziale für den Umwelt- und Naturschutzbereich wurden im Rahmen der durchgeführten acht Fokusgruppen weitgehend bestätigt und durch zahlreiche Praxisbeispiele untermauert.

6.2 Ergebnisse aus den Fokusgruppen

Im Folgenden werden die Ergebnisse aus den Fokusgruppen zur Engagementbereitschaft, zu Engagementhemmnissen und zu den Voraussetzungen dafür, ehrenamtlich im Umweltbereich aktiv zu werden, vorgestellt. Bei der Ergebnisdarstellung wird zwischen den verschiedenen Zielgruppen unterschieden, da die Antworten unterschiedlich ausfallen – je nachdem, ob die Personen bereits Erfahrung mit ehrenamtlichem Engagement im Umweltschutz aufweisen, und ob sie ein größeres oder ein geringeres Interesse am Thema Umweltengagement haben.

Es wird zwischen folgenden Zielgruppen unterschieden (zur Beschreibung der Zielgruppen siehe Kapitel 1.3):

- Passive Mitglieder von Umweltorganisationen und potenziell Interessierte
- Neue Ehrenamtliche
- Uninformierte/ Uninteressierte.

In Bezug auf die sozialstrukturelle Zusammensetzung der durchgeführten Gruppendiskussionen ist festzuhalten, dass in allen Fokusgruppen ein sehr hohes Bildungsniveau vertreten war. Die Mehrzahl der Teilnehmerinnen und Teilnehmer studiert oder hat einen Universitäts- oder Fachhochschulabschluss. Diese Beobachtung deckt sich auch mit den Ergebnissen aus anderen Studien zum ehrenamtlichen Engagement, wonach Umweltinteressierte und ehrenamtlich Engagierte im Umweltbereich vor allem aus den gebildeten, gutbürgerlichen Schichten stammen (vor allem Intellektuelles und Postmodernes Milieu)[47].

6.2.1 Passive Mitglieder von Umweltorganisationen und potenziell Interessierte

Engagementpotenziale bei den „Passiven Mitgliedern"

Überraschend in den beiden Fokusgruppen mit „Passiven Mitgliedern" von Umweltorganisationen war die geäußerte hohe Bereitschaft, sich über das finanzielle Engagement hinaus auch ehrenamtlich zu engagieren. Dies steht den Annahmen entgegen, die im Vorfeld der Untersuchung von Seiten verschiedener Umweltorganisationen über diese Zielgruppe geäußert worden waren. Von ihnen wurde eher angenommen, dass „Passive Mitglieder" mit gutem persönlichem Grund die Form der „passiven" finanziellen Unterstützung gewählt hätten, und darüber hinaus in dieser Zielgruppe kein großes „aktives" Engagementpotenzial bestünde. Im Gegensatz zu derartigen Annahmen war das verbal geäußerte Interesse und die Bereitschaft, sich ehrenamtlich an Umweltschutzprojekten zu beteiligen, in beiden Fokusgruppen mit „Passiven Mitgliedern" sehr hoch.

---

[47] Siehe hierzu u.a. Sozialministerium Baden-Württemberg 2000.

Einen weiteren Hinweis auf das Engagementpotenzial in der Zielgruppe der „Passiven Mitglieder" liefern auch die Angaben zu früherer ehrenamtlicher Tätigkeit dieser Personen. In der ersten Fokusgruppe gaben sechs von insgesamt neun TeilnehmerInnen an, dass sie früher schon einmal ehrenamtlich engagiert waren, vier davon im Umweltbereich. In der zweiten Fokusgruppe waren von den acht TeilnehmerInnen vier Personen früher ehrenamtlich aktiv (davon eine Person im Umweltbereich).[48]

Engagementpotenziale bei den Potenziell Interessierten

Entsprechend der Definition der Zielgruppe wurde in dieser Gruppe von allen Teilnehmern ein prinzipielles Interesse und eine Bereitschaft geäußert sich für die Umwelt zu engagieren.

Die Erfahrungen in der Gruppe mit bürgerschaftlichem Engagement waren sehr unterschiedlich. Während die eine Hälfte der Gruppe bereits früher einmal ehrenamtlich engagiert war (drei davon im Umweltbereich) oder derzeit in anderen gesellschaftlichen Bereichen engagiert ist (Friedensdienst, Attac), stehen auf der anderen Seite die (meist jüngeren) TeilnehmerInnen, die noch keine Erfahrung mit freiwilligem Engagement haben bzw. deren Erfahrungen sich auf eher freizeitorientierte Kontakte beschränken.

In noch größerem Maße als bei den „Passiven Mitgliedern" gilt es hier für die Umweltorganisationen, aktiv auf die interessierten Personen zuzugehen, um die „Einstiegshürde" zu überwinden und beim „ersten Schritt" gezielt zu helfen. Denn für die meisten Beteiligten in dieser Gruppe bleibt die Vorstellung von eigenen Beteiligungsmöglichkeiten eher diffus. Nur wenige der Teilnehmenden haben eine konkrete Idee, wo (bei welcher Organisation oder zu welchem Thema) sie sich wirklich engagieren wollen.

Unter welchen Umständen können sich die Befragten eine Mitarbeit vorstellen?

Da die Fragestellungen bei beiden Zielgruppen gleich waren und auch die Ergebnisse sich in weiten Teilen überschneiden, sollen hier die Ergebnisse aus den Fokusgruppen mit „Passiven Mitgliedern" und der Fokusgruppe mit „Potenziell Interessierten" zusammenfassend dargestellt werden.

Einen zentralen Stellenwert in der Diskussion nahm die Frage ein, unter welchen Umständen es sich die Beteiligten vorstellen könnten, ehrenamtlich in einer Umweltorganisation mitzuarbeiten.

---

[48] Allerdings sind die Ergebnisse dieser beiden Fokusgruppen insofern zu relativieren, als sie nicht repräsentativ für die „Passiven Mitglieder" in ihrer Gesamtheit sind. Da die Anmeldung zur Fokusgruppe bereits ein Grundinteresse am Thema „ehrenamtliches Engagement" voraussetzte, ist davon auszugehen, dass in den Gruppen eine bestimmte besonders interessierte Klientel zusammengekommen ist. Dennoch ist festzuhalten, dass bei den „Passiven Mitgliedern" durchaus ein Potenzial für ehrenamtliches Engagement vermutet werden kann, das bisher von den Umweltorganisationen nicht wahrgenommen oder erschlossen wird.

Ein in den Diskussionen immer wieder aufgegriffener Punkt war der Wunsch der TeilnehmerInnen, von den Umweltorganisationen „abgeholt zu werden". Die Organisationen sollten nach ihrer Auffassung aktiver auf ihre Mitglieder und andere interessierte Personen zugehen, sie informieren und zur Mitarbeit einladen. Hier werden den Organisationen von den TeilnehmerInnen erhebliche Mängel bescheinigt. Stattdessen entstehe von außen eher der Eindruck einer geschlossenen Gesellschaft, und es sei von Seiten der Interessierten bislang zum Teil viel Eigeninitiative und Hartnäckigkeit erforderlich, um sich in einer Gruppe zu etablieren.

> *„Wenn man in einer Umweltgruppe mitmachen möchte, muss man sich da immer sehr aufdrängen und selbst einladen. Ein Abholen und auf die Leute Zugehen von Seiten der Organisationen findet wenig statt."*

An die Umweltorganisationen wurde an dieser Stelle der Wunsch gerichtet, Einstiegs- und Schnupperangebote zu schaffen, um Neuen und Interessierten den Einstieg zu erleichtern und einen besseren Überblick über die Bandbreite der Beteiligungsmöglichkeiten zu geben.

In der Diskussion um die Art der Mitarbeit, die sich die TeilnehmerInnen vorstellen können, wurde in allen drei Gruppen der Wunsch nach konkreten Projekten geäußert. Das heißt, die TeilnehmerInnen können sich sehr viel eher vorstellen, bei einem klar definierten, zeitlich begrenzten Projekt (*„mit einem Anfang und einem Ende"*) mitzumachen, als in einer Ortsgruppe, bei der man nicht genau weiß, was dort auf einen zukommt. Wichtig ist den TeilnehmerInnen in diesem Zusammenhang der konkrete Bezug (man hat ein klares Ziel vor Augen, Erfolge lassen sich schnell messen) sowie auch die Möglichkeit, sich punktuell an Aktionen zu beteiligen, ohne das Gefühl zu haben, sich unbedingt langfristig binden zu müssen. Dagegen wird die kontinuierliche Mitarbeit in einer Ortsgruppe mit regelmäßigen wöchentlichen oder monatlichen Treffen oder der Übernahme eines Amtes von der Mehrzahl der Befragten als eher unattraktiv bewertet.

Als weiterer wichtiger Aspekt für das ehrenamtliche Engagement wurde von den Befragten die Möglichkeit genannt, ihre speziellen Fähigkeiten und Kompetenzen einbringen zu können. Ebenso wichtig ist es den Befragten, dass ihre persönlichen Interessen in der ehrenamtlichen Arbeit Berücksichtigung finden.

Auch der Spaß an der Sache und an der Tätigkeit wurde von den TeilnehmerInnen als wichtige Voraussetzung für ein Engagement genannt.

Des Weiteren wurde die Bedeutung lokaler Projekte hervorgehoben, die an das eigene Lebensumfeld anschließen. Engagement entwickelt sich häufig dann, wenn eine direkte Betroffenheit vorhanden ist und die betroffenen Personen konkret etwas zum Schutz und Erhalt der regionalen Umwelt beitragen können.

"Wenn es ein Projekt vor meiner Haustür gäbe, wo ich einen direkten Bezug dazu habe, würde ich eventuell mitmachen."

Hemmnisse und Defizite, die einem Umweltengagement entgegenstehen

Die TeilnehmerInnen der Fokusgruppen wurden darüber hinaus gefragt, was sie davon abhält, sich ehrenamtlich für die Umwelt zu engagieren und welche Hemmnisse in den Umweltorganisationen sowie in Politik und Gesellschaft ihrer Meinung nach einem Engagement entgegenstehen.

An persönlichen Gründen, die einem Engagement entgegenstehen, wurde an erster Stelle der Mangel an Zeit genannt (weil Kinder zu versorgen sind, weil der Beruf einen zu sehr beansprucht, oder auch weil Sport oder Hobbys keine Zeit lassen). Von der Mehrheit der Befragten wurde das Zeitargument allerdings kritisch hinterfragt. Sie sehen es eher als eine Frage der Prioritätensetzung, wofür man sich Zeit nimmt und gehen davon aus, dass man – wenn es einem wichtig ist – bei entsprechender Organisation des Alltags immer noch Zeit für ehrenamtliches Engagement finden würde. *(„Wenn es darauf ankommt, haben wir für alles Zeit.")*

Von mehreren TeilnehmerInnen wurde offen die eigene Trägheit als wichtigster Hinderungsgrund angegeben. *(„Am Ende siegt dann doch die Couch.")*

Von Einzelnen wurde als weiteres Hemmnis die mangelnde Akzeptanz durch das persönliche Umfeld, vor allem durch die Familie genannt (gewissermaßen als potenziell bedrohliche Konkurrenz).

Als ein zentrales Defizit seitens der Umweltorganisationen wurde von den Befragten noch einmal die bereits oben geschilderte mangelnde Ansprache und Betreuung von Interessierten und Neuen durch die Organisationen genannt. So gäbe es beispielsweise zu wenig konkrete Nachfrage nach freiwilligen Helfern für Aktionen und zu wenig Schnupperangebote für Interessierte. Auch müssten Interessierte, die bereits aktiv auf einen Verband zugegangen sind, besser aufgefangen und integriert werden.

Eine weitere Schwachstelle wird darin gesehen, dass in den meisten Organisationen eine aktive Mitgliederpflege fehle. Die „Passiven Mitglieder" fühlen sich von ihrem Verband nicht wirklich wahrgenommen und betreut. Sie wünschen sich, dass der Verband ein besseres gegenseitiges Kennenlernen ermöglicht (beispielsweise durch Veranstaltungen). Auch besteht bei vielen Befragten der Eindruck, dass die Organisationen eher an Geld interessiert seien als an konkreter Mitarbeit.

„Meines Erachtens muss die Initiative vom Verband ausgehen, da er ein Interesse daran haben muss, dass seine Mitglieder mitmachen. Wenn er aber dieses Interesse nicht nach außen dokumen-

> *tiert, hat man den Eindruck, die sind ja zufrieden,*
> *Hauptsache ich zahle meinen Mitgliedsbeitrag."*

Die Mehrheit der Befragten empfindet zudem die Vereinsstrukturen in den Umweltverbänden als unattraktiv. Die Strukturen werden als schwerfällig, unflexibel und bürokratisch wahrgenommen. Damit zusammenhängend sind viele TeilnehmerInnen kritisch gegenüber Hierarchien eingestellt. In vielen Vereinen oder Verbänden würden häufig nur wenige Personen dominieren und den Gang der Dinge bestimmen.

> *„Vielleicht hatte ich Pech mit meinen Gruppen,*
> *aber das war mir alles zu altherrenhaft und zu*
> *verstaubt."*

Hierzu ist allerdings anzumerken, dass die ablehnende Haltung nur bei einigen TeilnehmerInnen durch eigene negative Erfahrungen begründet ist. Dennoch hat die Mehrzahl der TeilnehmerInnen ein negatives Bild von der „klassischen Vereinsarbeit".

Von mehreren Befragten wurde das Imageproblem des Umwelt- und Naturschutzes thematisiert. Das Thema Umwelt sei (vor allem in der Berichterstattung durch die Medien) überwiegend negativ besetzt, Umweltverschmutzung und Zerstörung sowie die daraus resultierenden Gefahren für Mensch und Natur stünden meist im Vordergrund, was zu einem Gefühl der Ohnmacht führe. Dies wird von den Befragten als problematisch angesehen. Es müsse vielmehr ein positiver Zugang zum Thema Umwelt geschaffen werden (z.B. über positive Natur- oder auch Erfolgserlebnisse).

Insgesamt komme der Spaßfaktor im Naturschutz oft zu kurz. In vielen Projekten gehe es darum, die Natur vor dem Menschen zu schützen. Es sei aber wichtig, den Spaß an der Natur und die Integration zwischen Mensch und Natur deutlicher in den Vordergrund zu stellen.

Verbesserungswünsche und Vorschläge

In den Diskussionen wurden des Weiteren verschiedene konkrete Anregungen und Ideen für die Unterstützung ehrenamtlichen Engagements entwickelt.

So wurde der Vorschlag gemacht, Patenschaften für den Bereich Umweltengagement zu schaffen (z.B. eine Patenschaft für einen Park oder ein Stück Wald analog zu den Patenschaften im sozialen Bereich).

Des Weiteren wurde der Aufbau eines „Interessentenpools" bei den Organisationen vorgeschlagen. Mit Hilfe eines solchen Interessentenpools könnten die spezifischen Interessen und Kompetenzen interessierter Personen erfasst und die Leute so besser und zielgenauer angesprochen und zur Mitarbeit eingeladen werden.

In eine ähnliche Richtung geht der Vorschlag, eine organisationsübergreifende Freiwilligenbörse im Umweltbereich aufzubauen, die zwischen Angeboten und Nachfrage vermittelt (z.B. über das Internet).

Spendenbereitschaft

Zum Abschluss wurden die TeilnehmerInnen gefragt, ob und unter welchen Bedingungen sie es sich vorstellen könnten, Umweltorganisationen auch über ihre Mitgliedsbeiträge hinaus finanziell zu unterstützen.

Hier stellte sich heraus, dass bei Spendenaktionen für besondere Projekte (z.B. „Kampagne für Berggorillas") öfter auch zusätzlich zum Mitgliedsbeitrag noch etwas gespendet wird bzw. gespendet werden würde. Insgesamt bestand hierfür bei den TeilnehmerInnen allerdings erheblich weniger Motivation als bei der Frage nach dem ehrenamtlichen Engagement.

Folgende Aspekte sind bezüglich der Spendenbereitschaft der Mitglieder hervorzuheben:

- Viele der Befragten spenden nicht nur einer Organisation sondern mehreren, teilweise in ganz unterschiedlichen Bereichen (Umwelt, Soziales, Krisenhilfe, Kultur etc.). Insgesamt ist dabei aber nur ein begrenztes Budget vorhanden, innerhalb dessen disponiert werden muss. D.h. es wird in der Regel nicht mehr gespendet sondern nur umverteilt, welche Organisation wie viele Mittel bekommt (Nullsummenspiel).

- Ein persönlicher und direkter Bezug bzw. Betroffenheit sind wichtig.

- Wichtig sind den Befragten auch hier konkrete Projekte, z.B. Patenschaften, bei denen deutlich wird, wofür das gespendete Geld eingesetzt wird. Von Bedeutung sind in diesem Zusammenhang auch Informationen über den Erfolg des Projektes (Wie viel wurde insgesamt gespendet? Wie wurde das Geld eingesetzt und was wurde erreicht?)

- Sehr wichtig ist den Befragten, dass transparent gemacht wird, wofür das Geld eingesetzt wird (wie effizient eine Organisation arbeitet, welcher Anteil der Gelder für Verwaltungskosten verwendet wird etc.). Hilfreich könnte hier die Beurteilung der Organisation durch ein unabhängiges Institut sein, wie beispielsweise im sozialen Bereich durch das Spendensiegel des DZI (Deutsches Zentralinstitut für soziale Fragen).

- Anfragen und Spendenaufrufe sollten nicht überhand nehmen, damit bei den Mitgliedern nicht der Eindruck entsteht, von den Organisationen „geschröpft" zu werden.

6.2.2 Ergebnisse der Fokusgruppen mit „Neuen Ehrenamtlichen"

Die Zielgruppe Neue Ehrenamtliche

Im Unterschied zu den „Passiven Mitgliedern" und den „Potenziell Interessierten" ist die Gruppe der „Neuen Ehrenamtlichen" durch eine erheblich größere Selbständigkeit im ehrenamtlichen Engagement und ihren entsprechenden Vorstellungen und Erwartungen charakterisiert. Während in den anderen Gruppen sehr deutlich der Wunsch geäußert wurde, von den Umweltverbänden „abgeholt" zu werden und konkrete Angebote zur Mitarbeit angeboten zu bekommen, geht es den „Neuen Ehrenamtlichen" darum, ihre eigenen Ideen und Projekte verwirklichen zu können. Hier steht vor allem die Suche nach geeigneten Mitstreitern, Förderern und einem geeigneten „Engagementumfeld" im Vordergrund.

Weiterhin zeichnet sich die Gruppe der „Neuen Ehrenamtlichen" durch ein starkes gesellschaftliches und politisches Verantwortungsgefühl aus. Der Schutz der Umwelt wie auch die Bekämpfung gesellschaftlicher Missstände wird als persönliche Verantwortung wahrgenommen und nicht bzw. weniger an Andere delegiert.

Wichtig sind den „Neuen Ehrenamtlichen" für ihr ehrenamtliches Engagement vor allem Flexibilität und eigene Entscheidungs- und Gestaltungsmöglichkeiten.

Von zentraler Bedeutung ist, dass bei ihnen persönliche Entwicklung, beruflicher Werdegang und ehrenamtliches Engagement häufig biografisch eng miteinander verwoben sind und eine strikte Trennung zwischen Beruf und Ehrenamt in dieser Gruppe nicht bzw. nur in geringem Umfang vorgenommen wird. Ebenso wenig bezieht sich das Engagement einseitig auf den Umweltbereich, sondern ist eingebettet in ein weiter gefasstes soziales, politisches und künstlerisches Engagement.

Die Gruppe der „Neuen Ehrenamtlichen" besitzt eine starke Motivation, selbst etwas zu verändern. Dies wird bisher aber weder von gesellschaftlicher Seite noch von Seiten der Verbände hinreichend genutzt.

Hemmnisse und Defizite, die einem Umweltengagement entgegenstehen

In den beiden Fokusgruppen mit „Neuen Ehrenamtlichen" wurden zum einen Hemmnisse innerhalb der Organisationen diskutiert, zum anderen wurden Hemmnisse in den gesellschaftlichen Rahmenbedingungen erörtert.

Wie bei den „Passiven Mitgliedern" wird auch von den „Neuen Ehrenamtlichen" ein wesentliches Defizit in der mangelhaften Betreuung Interessierter und Neuer in den Umweltgruppen und Organisationen gesehen.

Noch stärker als bei den andern Zielgruppen wurden von den „Neuen Ehrenamtlichen" die verbandsinternen Strukturen kritisiert. Im Vordergrund der Kritik stehen die als „verkrustet" wahrgenommenen inneren Strukturen, die abschreckend wirkten. Junge Leute mit neuen Ideen würden (bzw. fühlen sich) oft ausgebremst.

„Gegen alteingesessene Hauptamtliche kämpft man den Kampf gegen Windmühlen. Für die Gewinnung junger Leute muss man zulassen, dass sich mit ihnen auch der Verband verändert. Alte Führungskräfte sind hingegen inhaltlich und methodisch veränderungsresistent und weichen von ihrem einmal gemachten Bild des Verbandes nicht mehr ab."

Ein Hemmnis sei auch das fehlende Bewusstsein in vielen Organisationen, dass man in die ehrenamtlichen Mitarbeiter auch investieren müsse (in die Koordination, die Anleitung und die Betreuung). Dazu gehört beispielsweise, dass sich die Hauptamtlichen Zeit nehmen, um Ehrenamtliche einzuarbeiten, zu unterstützen und zu beraten. Dies komme aber oft zu kurz.

Wichtig ist für die Ehrenamtlichen darüber hinaus, dass ihr Engagement von den Hauptamtlichen anerkannt wird und sie in relevante Entscheidungen, die ihre Projekte betreffen mit einbezogen werden. Stattdessen herrsche in vielen Verbänden die Haltung vor, die eigentliche Verantwortung liege bei den Hauptamtlichen.

In Bezug auf die gesellschaftlichen Rahmenbedingungen wird die mangelnde gesellschaftliche Anerkennung als wesentliches Defizit gesehen.

„Ehrenamtlich, das heißt doch, es gibt kein Geld und *keine Anerkennung."*

Es fehle auch an Anlaufstellen und Informationen über Möglichkeiten zur ehrenamtlichen Mitarbeit. Viele Leute wüssten auch gar nicht, welche Angebote und Möglichkeiten des Engagements es überhaupt gibt.

„Viele Jugendliche wissen gar nicht, dass es noch eine richtige Umweltbewegung gibt. Sie denken, das sei eine Sache der 70er Jahre. Viele kriegen davon überhaupt nichts mit."

Ein weiteres gesellschaftliches Hemmnis wird von den TeilnehmerInnen in den Werthaltungen und Lebensstilen der meisten Menschen gesehen, in ihrer jeweiligen Vorstellung davon, was es heißt „gut zu leben". Die Lebensstile und Werthaltungen (z.B. die Konsumorientierung) stünden oft einer umweltgerechten Lebensweise entgegen. Das Thema Umwelt sei nicht „hip".

Verbesserungswünsche und Vorschläge

In den Diskussionen wurden eine Vielzahl von Verbesserungsvorschlägen für das ehrenamtliche Engagement genannt, die drei unterschiedlichen Bereichen zugeordnet werden können: *Ideelle und gesellschaftliche Unterstützung, Maßnahmen der Verbände und Initiativen* und *praktische Unterstützung*.

Ideelle und gesellschaftliche Unterstützung:

- Schaffung von Erfolgserlebnissen und die Vermittlung und Kommunikation von Erfolgen in der Öffentlichkeit. In diesem Zusammenhang wurde auch die Bedeutung der Sichtbarkeit eigener individueller Beiträge hervorgehoben.
- Schaffung von Anlauf- und Beratungsstellen zum ehrenamtlichen Engagement, die Interessierte über die Vielzahl der Möglichkeiten sich ehrenamtlich zu engagieren informieren („Ehrenamtsbörse" für die Vermittlung zwischen Ehrenamtlichen und Organisationen).
- Unterstützung der ehrenamtlichen Arbeit durch Anerkennung des ehrenamtlichen Engagement als relevante Leistung in der Schule, im Studium oder am Arbeitsplatz (z.B. Anerkennung als Berufs- oder Studienpraktikum, als Schul- oder Studienarbeiten etc.).
- Schaffung von Übergangswegen zwischen beruflichem und freiwilligem Engagement sowie die Aufhebung der strikten Trennung zwischen Berufsarbeit und ehrenamtlicher Arbeit.
- Selbstverantwortung bzw. die Übernahme von Verantwortung bereits in der Schulbildung stärken. Unterstützung junger Menschen bei der Entwicklung und Umsetzung eigener Projektideen, frühzeitige Vermittlung der positiven Erfahrung, dass sie mit ihrem Engagement etwas erreichen können.

Maßnahmen der Verbände und Initiativen:

- Größere Anerkennung und Unterstützung der Ehrenamtlichen durch die Hauptamtlichen in den Verbänden. Organisationen müssten mehr Bereitschaft zeigen, in die Ehrenamtlichen zu investieren (beispielsweise mit gezielter Anleitung, Weiterbildungsmaßnahmen etc.). Es sei wichtig, das ehrenamtliche Engagement als Austauschbeziehung zwischen dem Ehrenamtlichem und der Organisation zu begreifen.
- Entwicklung von „Schnupperangeboten" und konkreten Mitmachaktionen durch die Verbände und Initiativen für Interessierte und potenzielle neue Mitstreiter.
- Zusammenarbeit und Akzeptanz zwischen hauptamtlichen Fachleuten und ehrenamtlich Engagierten verbessern.

Praktische Unterstützung:

- Beratungsangebote bzw. Beratungsstellen für Umweltorganisationen und Initiativen schaffen: Bisher fehle es bei der Durchführung von Projekten an Beratungsangeboten, beispielsweise zu Zeit- und Projektmanagement oder zur Erfolgskontrolle (insbesondere für kleine Initiativen).

- Schaffung bzw. Erhalt von Einstiegsmöglichkeiten in Form von Praktika, Zivildienst oder FÖJ.
- Kostenerstattung für die ehrenamtliche Arbeit, z.B. Fahrtkostenerstattung aber auch die Finanzierung von Anschaffungskosten und laufenden Kosten in den Projekten.

6.2.3 Ergebnisse der Fokusgruppen mit Uninteressierten/ Uninformierten

Wie in dieser Zielgruppe[49] nicht anders zu erwarten, besteht hier nur eine geringe Bereitschaft, sich im Umweltbereich zu engagieren. Dennoch gibt es auch in dieser Gruppe einzelne TeilnehmerInnen, die sich unter ganz bestimmten Bedingungen ein ehrenamtliches Engagement vorstellen können: wenn es sich um ein Thema handelt, *„das mich wirklich begeistert"*, wenn es um konkrete und begrenzte Projekte geht, wenn man sich in der Gruppe wohlfühlt. Der Großteil der Teilnehmenden kann sich jedoch ein eigenes Engagement derzeit nicht vorstellen. Der Grund für die ablehnende Haltung ist dabei nicht generelles Desinteresse oder Bequemlichkeit der Befragten, sondern liegt vielmehr in ihrer deutlichen Prioritätensetzung (keine Zeit, Familie oder Beruf sind wichtiger, andere Themenbereiche sind wichtiger).

In der Diskussion kristallisierte sich heraus, dass für viele TeilnehmerInnen andere Themen (vor allem soziale Themen) einen höheren Stellenwert besitzen.

Zur Zusammensetzung der Teilnehmer ist zu sagen, dass auch in dieser Gruppe eher die gebildete, bürgerliche Schicht vertreten war (bis auf zwei Personen haben alle Befragten Abitur, die Mehrzahl studiert oder hat bereits einen Universitätsabschluss). Erstaunlich ist, dass von den zehn TeilnehmerInnen sechs Personen früher einmal in irgendeiner Weise ehrenamtlich aktiv waren, sie also dem bürgerschaftlichen Engagement nicht generell distanziert oder ablehnend gegenüber zu stehen scheinen.

Von dieser Fokusgruppe können zwar keine Verallgemeinerungen zu „Uninteressierten/ Uninformierten" generell getroffen werden, da es sich dabei nicht um eine homogene Zielgruppe handelt, dennoch können aufgrund der Ergebnisse Schlussfolgerungen gezogen werden im Hinblick darauf, wie Umweltorganisationen von entfernteren Zielgruppen (Uninteressierten) wahrgenommen werden, warum sich diese Personen für das Thema Umwelt nicht interessieren und was die Organisationen in ihrer Kommunikationspolitik verbessern könnten.

Welche Umweltorganisationen kennen die Befragten und welches Bild haben sie von den Organisationen?

Die unter den TeilnehmerInnen bekannteste Umweltorganisation ist Greenpeace. Greenpeace ist vor allem bekannt durch die Berichterstattung in den Medien, in erster Linie durch das Fernsehen. Bei Greenpeace haben die Befragten auch am

---

[49] Zur Definition der Zielgruppe siehe Kapitel 1.3 und Göll 2005c.

ehesten den Eindruck zu wissen, was die Organisation macht und was ihre Ziele sind. BUND und NABU werden vor allem mit Naturschutz auf sehr lokaler Ebene in Verbindung gebracht (Stichwort „Krötentunnel") sowie in eher negativer Hinsicht mit ihren Straßenwerbern assoziiert. Von einzelnen Teilnehmern werden weitere Organisationen genannt, die man vom Namen her kennt, bei denen man aber keine genauen Vorstellungen ihrer Tätigkeit hat: Grüne Liga, WWF, Vier Pfoten (Stiftung für Tierschutz) und MUT (Mensch Umwelt Tier).

Auffällig in diesem Diskussionsblock („Welche Umweltorganisationen kennen Sie und welchen Eindruck haben Sie von diesen Gruppen?") war, mit wie vielen negativen Assoziationen die Teilnehmenden die Umweltorganisationen verbinden:

Deutlich im Vordergrund im Erscheinungsbild der Umweltorganisationen stehen die Straßenwerber, die als sehr lästig und zum Teil auch als negativ für die Reputation der Organisationen empfunden werden.

> *„Was einen wirklich verjagt, sind die Leute, die einen werben wollen. Ich finde, dass die oftmals zu persönlich an einen herantreten und dass man diese Begegnungen viel zu oft hat."*

Werber würden zu aggressiv und aufdringlich auftreten und es sei nicht klar, wie viel von den eingeworbenen Beiträgen tatsächlich den Organisationen zugute kommen und wie viel die Werber erhalten. Durch diese Art der Mitgliederwerbung ginge die Glaubwürdigkeit der Organisationen zum Teil verloren.

Offensichtlich werden Umweltorganisationen bei einigen Leuten immer noch stark mit dem klassischen „Öko-Klischee" in Verbindung gebracht. Hier wurde von einzelnen Teilnehmern auch der Verdacht geäußert, die Umweltaktiven seien dogmatisch und würden Anderen ihre Sichtweise aufdrücken wollen.

Andererseits wurde der Verdacht geäußert, dass bei einigen Jugendorganisationen der Verbände die politischen und inhaltlichen Ziele verloren gehen und es nur noch darum gehe, Spaß zu haben.

Es wurde allerdings deutlich, dass das Bild, das die TeilnehmerInnen von den Umweltorganisationen haben, zum größten Teil nicht auf eigenen Erfahrungen beruht (außer im Fall der Straßenwerber), sondern meist geprägt ist durch Berichte von Bekannten und Freunden, Berichte aus den Medien und zum Teil auch durch allgemeine diffuse Vorurteile.

Schwierig finden es die Teilnehmer, bei der Vielfalt an unterschiedlichen Organisationen den Überblick zu behalten. Es bestünde eine gewisse Unübersichtlichkeit. Außerdem fehle es an Transparenz, zu welcher Organisationen man Vertrauen haben kann und wofür das Geld, das man spendet, konkret eingesetzt wird.

Gründe weshalb sich die Teilnehmenden nicht für das Thema Umwelt interessieren oder engagieren

Ein wesentlicher Grund für die TeilnehmerInnen, weshalb sie sich nicht für die Umwelt engagieren, ist die Konkurrenz mit anderen Themen und Bereichen (z.B. Soziales, Menschenrechte etc.), denen von vielen Befragten ein höherer Stellenwert eingeräumt wird. Hierbei spielen verschiedene Aspekte eine Rolle.

Ein bedeutender Aspekt für die TeilnehmerInnen ist, dass bei Umweltthemen oft ein gewisses Gefühl der Ohnmacht entsteht, vor allem wenn es um globale Gefahren und Veränderungen geht. Beim Thema Umwelt habe man viel weniger das Gefühl „eingreifen und helfen" zu können als beispielsweise bei sozialen Themen.

> *„Bei Umwelt, da denke ich immer, da steht man so ein bisschen machtlos davor und kann sowieso nicht eingreifen in die Strukturen, die die Umwelt zerstören. Für mich sind da andere Sachen, zum Beispiel Menschenrechte, wichtiger."*

In diesem Zusammenhang wird auch die Wirksamkeit der Aktionen und Projekte von Umweltorganisationen kritisch hinterfragt. Vor allem bei den kleinen Organisationen, die Projekte auf lokaler Ebene durchführen sei fraglich, ob damit tatsächlich eine Verbesserung für die Umwelt erreicht wird.

Auf der anderen Seite wurde der Eindruck geäußert, dass sich im Umweltbereich bereits genügend Leute engagieren. Das Umweltbewusstsein in der Bevölkerung (gerade in Deutschland) sei hoch, so dass das Gefühl entsteht, für den Bereich Umwelt „ist schon gesorgt".

> *„Ich finde, generell ist ein Bewusstsein [für die Umwelt] da und es arbeiten auch genug Leute daran, dieses Bewusstsein wach zu halten, während wenn man in andere Bereiche guckt, wo man sich auch engagieren könnte, da gibt es größere Defizite."*

Daneben ist es auch eine Frage der persönlichen Prioritätensetzung. Eine Teilnehmerin berichtet, dass sie sich sehr für Politik und Soziales interessiert und daher in diesem Bereich eher bereit sei, sich zu engagieren.

Für zwei der Teilnehmenden ist der Hauptgrund, weshalb sie sich nicht ehrenamtlich engagieren, eindeutig der Mangel an Zeit, da Beruf und Familie kaum Zeit für andere Dinge ließen.

Des Weiteren wurde in dieser Gruppe der mögliche Missbrauch von ehrenamtlichem Engagement thematisiert, bei dem hauptamtliche Arbeitskräfte durch kostengünstige Ehrenamtliche ersetzt werden, wie es vor allem im sozialen Bereich häufig geschieht.

Was müsste sich ändern, damit sich mehr Menschen für Umweltthemen interessieren und engagieren?

Wichtige Voraussetzung für ein Engagement ist nach Ansicht der TeilnehmerInnen, dass den Menschen aufgezeigt wird, was man selber im eigenen Umfeld tun kann, beispielsweise in der Nachbarschaft. Es müssten konkrete Projekte angeboten werden und es sollte nicht der Eindruck entstehen, hilflos vor einem riesigen Berg zu stehen.

> *„Ich glaube, dass ich schon bereit wäre etwas zu tun, wenn irgendwelche Umweltprobleme mein direktes Umfeld, in dem ich lebe, betreffen würden."*

Wichtig sei es darüber hinaus, das Interesse der Menschen zu wecken. *("Ohne Interesse kein Engagement.")* Dies könne auf verschiedene Weise geschehen, in jedem Fall aber sei es wichtig, den Menschen unterschiedliche Beteiligungsmöglichkeiten anzubieten.

Hier müsse sich auch die Art der Öffentlichkeitsarbeit der Umweltorganisationen wandeln. Zu oft würden die Umweltorganisationen „den Teufel an die Wand" malen, indem sie mit Katastrophen drohen. Dies sei aber der falsche Weg. Vielmehr sollte die Öffentlichkeitsarbeit positiv gewendet werden und aufzeigen, wo jeder Einzelne ansetzen und was man selber tun kann.

Wichtig für die Befragten ist auch, dass bei einem Engagement das soziale Umfeld stimmt, dass man dort in den Organisationen und Initiativen Leute trifft, mit denen man gerne zusammen ist. Daher sei auch die beste Werbung für ehrenamtliches Engagement, direkt von Freunden oder Bekannten angesprochen zu werden.

Des Weiteren sei für das Engagement auch der persönliche Anreiz/ der persönliche Nutzen wichtig.

> *„Es reicht nicht, ein gutes Gewissen zu haben und das Gefühl: Du machst was für die Allgemeinheit."*

7. Fokusgruppen als Instrument für Umweltverbände

Ein Schwerpunkt des IZT-Forschungsprojektes bestand neben der inhaltlichen Fragestellung, wie das in der Bevölkerung vorhandene Engagementpotenzial für die Umwelt aktiviert werden kann, in der methodischen Frage zur Nutzung von Fokusgruppen in und für Umwelt- und Naturschutzorganisationen. Die Frage lautete:

Wie können Umwelt- und Naturschutzverbände die Methode Fokusgruppen nutzen, um ein besseres Verständnis ihrer Mitglieder sowie potenziell interessierter Zielgruppen zu bekommen und Grundlagen für ein erfolgreiches Einwerben von Ressourcen zu erlangen, sowohl für das Fundraising als auch für die Werbung neuer Mitstreiter und deren unterschiedlichen Engagementressourcen?

Wie eingangs beschrieben (siehe Kapitel 1.3), wurden im Rahmen des Forschungsvorhabens acht Fokusgruppen mit vier unterschiedlichen Zielgruppen durchgeführt und ausgewertet. Im folgenden Kapitel wird auf die Erfahrungen mit der Methode Fokusgruppen eingegangen. Eine ausführliche Darstellung der Methode und Hinweise zur selbständigen Anwendung finden sich im Anhang sowie in einem separaten Leitfaden.[50]

7.1 Die Methode Fokusgruppen

Fokusgruppen sind eine Methode der qualitativen Sozialforschung, um Entscheidungsträgern tiefergreifende Informationen über Konsumenten, Nutzer oder andere Zielgruppen bereitzustellen. Eine Fokusgruppe ist ein spezieller Typ des Gruppeninterviews und zeichnet sich dadurch aus, dass eine anhand von bestimmten Kriterien zusammengestellte Gruppe (in der Regel sechs bis zehn Personen) über eine Thematik diskutiert, die durch die Forscherin bzw. den Forscher vorgegeben wird (vgl. Krueger 2000, Bürki 2000).

Folgende zentralen Elemente charakterisieren die Methode Fokusgruppen:

Die Thematik wird durch einen konkreten Informationsinput (z.B. Kurzreferat, Textvorlage, Filmausschnitt, Dias etc.) vom Forscher in die Gruppe hineingetragen;

Das Ergebnis wird in einem Gruppenprozess, in der Auseinandersetzung der Teilnehmer untereinander, generiert. Die Interaktionen innerhalb der Gruppe fließen mit in das Ergebnis ein.

Dies unterscheidet Fokusgruppen von andern Erhebungsmethoden, wie beispielsweise Einzelinterviews oder schriftlichen Befragungen. Die Ergebnisse der Diskussionen spiegeln nicht nur die Einzelmeinungen der Teilnehmer wieder

---

[50] Siehe Göll et al. 2005b und Henseling et al. 2006

sondern beziehen auch die Austausch- und Diskussionsprozesse der Teilnehmer untereinander mit ein.

In einem Projekt werden immer mehrere verschiedene Fokusgruppen durchgeführt. Dies ist einerseits die Voraussetzung für eine gewisse Verallgemeinerbarkeit der Ergebnisse, andererseits Grundlage für ein iteratives Vorgehen. Im Verlauf eines Projektes kann so das Forschungsdesign verändert und angepasst werden.

Aufgrund ihres qualitativen Charakters und der meist relativ kleinen Stichprobenbasis liefern Fokusgruppen keine repräsentativen Ergebnisse. Ihre Stärke liegt vielmehr in der Exploration, d.h. in der Generierung von Hypothesen auf der Grundlage systematischer Datensammlung (vgl. Hoppe 2003). Fokusgruppen werden häufig eingesetzt zur Bewertung von Produkten und Services, zur Ermittlung von Kundenwünschen, aber auch zur Konzept- oder Programmbewertung. Auch wenn die Ergebnisse von Fokusgruppen nicht streng repräsentativ sind, so können doch bestimmte verallgemeinerbare Trends und Muster aus ihnen abgeleitet werden.

Die Methode Fokusgruppen bietet sich besonders an, wenn komplexe Verhaltens- oder Motivationsfaktoren aufgedeckt werden sollen oder wenn möglichst viele Ideen generiert werden sollen, da durch Gruppensynergien ein höheres Ideenpotenzial erreicht werden kann als dies bei Einzelpersonen der Fall ist (vgl. Hoppe 2003; Krueger 2000). Häufig werden Fokusgruppen auch zusätzlich zu quantitativen sozialwissenschaftlichen Methoden eingesetzt.

Dabei sind Fokusgruppen von anderen Gruppen-Methoden wie Workshops oder Zukunftswerkstätten abzugrenzen. Bei Fokusgruppen handelt es sich um ein Erhebungsinstrument, nicht um ein Instrument zur Erarbeitung eines gemeinsamen Inhalts oder Arbeitsziels, wie beispielsweise in einer Zukunftswerkstatt.

7.2 Einsatz von Fokusgruppen im Umweltbereich

Die Methode Fokusgruppen ist vor allem in den USA und in Bereichen des Marketing bereits seit vielen Jahren im Einsatz (vgl. Krueger 2000, Greenbaum 2000). Punktuell wird sie aber auch seit einigen Jahren in der Umweltforschung angewendet. So wurden beispielsweise speziell in der Klimaforschung Fokusgruppen in den Projekten CLEAR und Ulysses zur Einbeziehung von Bürgerinnen und Bürgern sowie anderen Beteiligten in den Forschungsprozess genutzt.[51]

Auch in der Umweltkommunikation und im ökologischen Marketing wird die Methode Fokusgruppen inzwischen angewendet. So hat z.B. das Institut für sozial-ökologische Forschung in verschiedenen Projekten Fokusgruppen durchgeführt, um damit Wünsche und Anforderungen potenzieller Abnehmer an „ihre" Öko-Produkte zu erheben. Des Weiteren werden Fokusgruppen einge-

---

[51] Siehe www.eawag.ch/publications/eawagnews/www_en50/en50d_pdf/en50d_jag.pdf

setzt, um Kommunikationsstrategien und ökologische Kampagnen auf ihre Wirksamkeit zu überprüfen und entsprechend den Anforderungen und Bedürfnissen der jeweiligen Zielgruppe zu konkretisieren und weiterzuentwickeln.[52] Im IZT wurden Fokusgruppen unter anderem im Projekt „E-nnovation. E-Business und nachhaltige Produktnutzung" zur Weiterentwicklung des Online-Angebotes der Stiftung Warentest eingesetzt.[53]

---

[52] So beispielsweise in dem Projekt EcoTopTen (www.ecotopten.de) sowie im Projekt Grüner Strom (Birzle-Harder et al. 2001).

[53] Siehe Henseling et al. 2006.

Tab. 7.1 Einige Beispiele für den Einsatz von Fokusgruppen in Umwelt- und Nachhaltigkeitsprojekten

Institution	Projekt	Anwendungsgebiet	Literatur
Institut für Zukunftsstudien u. Technologiebewertung/ Borderstep Institut	„E-nnovation: E-Business u. nachhaltige Produktnutzung durch mobile Multimediadienste"	Nutzerorientierte Weiterentwicklung des Online-Angebotes der Stiftung Warentest	Behrendt et al. 2005; Fichter 2005
Institut für Zukunftsstudien u. Technologiebewertung	„Motivation in der Bevölkerung, sich für Umweltthemen zu engagieren"	Ermittlung von Motiven, Hemmnissen und Chancen für das Umweltengagement	Göll et al. 2005a ; Göll et al. 2005b
Institut für Zukunftsstudien u. Technologiebewertung/ Institut für Ökologische Wirtschaftsforschung	„Service Engineering in der Wohnungswirtschaft"	Entwicklung von Dienstleistungen rund ums Wohnen; konsequente Ausrichtung der Services an den Wünschen und Anforderungen der Mieter	Scharp/Jonuschat 2004
Öko-Institut/ Institut für sozial-ökologische Forschung	„EcoTopTen"	Überprüfung der EcoTopTen Kampagne auf ihre Wirksamkeit in der Zielgruppe u. Weiterentwicklung der Kampagne	www.ecotopten.de
Institut für sozial-ökologische Forschung	„Sozialwissenschaftliche Marktuntersuchung zu Grünem Strom im Raum Bremen"	Ermittlung der Marktchancen von „Grünem Strom"	Birzle-Harder/ Götz 2001
EAWAG	„Fokusgruppen-Erhebung zur Kennzeichnung von Elektrizität"	Ermittlung der Informationsbedürfnisse und Wünsche von KonsumentInnen an eine Kennzeichnung von Strom	Markard 2001
EAWAG	"Climate and Environment in Alpine Regions" (CLEAR)	Einsatz von Fokusgruppen zur Einbeziehung von Bürgerinnen u. Bürgern in den Forschungsprozess	EAWAG News 50 (2000)

Im vorliegenden Projekt wurde durch Befragungen festgestellt, dass bisher nur zwei Verbände des Umwelt- und Naturschutzes Erfahrungen mit der Methode Fokusgruppen haben, die teilweise schon einige Jahre zurückliegen. Von einzelnen Organisationen werden zum Teil andere Instrumente (v.a. Fragebögen) zur Sondierung von Mitgliederstrukturen oder Mitgliederinteressen eingesetzt.

Allerdings finden solche Untersuchungen eher punktuell statt; eine zentrale Analyse und Erfassung der Motivationen, Interessen und Meinungen von Mitgliedern, freiwillig Engagierten und anderen strategisch wichtigen Zielgruppen erfolgt wegen des dazu erforderlichen Aufwands in der Regel nicht. Dasselbe gilt auch für Untersuchungen über die Ab- oder Zunahme des ehrenamtlichen Engagements.

Dies stellt ein prinzipielles Defizit dar, da solche Informationen für eine zielgerichtete Mitgliederwerbung sowie für das Fundraising von großem Vorteil wären. Nach Auskunft der Interviewpartner sind die Verbände aber oft nicht in der Lage bzw. bereit, ihre begrenzten Gelder für solche Untersuchungen zu verausgaben. Hier könnte die Durchführung von Fokusgruppen aufgrund des vergleichsweise geringen Aufwands, den die Methode erfordert, eine sinnvolle Alternative sein.

7.3 Schlussfolgerungen aus dem Projekt zur Methode Fokusgruppen

Die Methode Fokusgruppen hat sich im Forschungsvorhaben als sinnvoller und leistungsfähiger Ansatz für die verschiedenen Aufgabenstellungen erwiesen. Die durchgeführten Fokusgruppen haben gezeigt, dass die Methode für die Anwendung in Umwelt- und Naturschutzorganisationen geeignet ist.

Der Einsatz von Fokusgruppen bietet sich insbesondere zum Aufdecken von Meinungen und Motivationen, zur Generierung von Ideen oder zur Überprüfung und Weiterentwicklung von Strategien und Konzepten an. Beispielhafte Anwendungsfelder für Umweltorganisationen können demnach sein:

- Ex-ante-Überprüfung von Kampagnen oder Aktionen zum Fundraising oder zur Gewinnung von Ehrenamtlichen. Hier können sowohl das Konzept der Kampagne als auch einzelne konkrete Materialien oder Elemente (z.B. Flyer, Internet-Auftritt etc.) auf ihre Attraktivität und Wirksamkeit hin untersucht werden;
- Ex-ante-Einschätzung und Bewertung von ökologischen Kampagnen oder Veranstaltungen;
- Bewertung und Weiterentwicklung von Kommunikationsstrategien und einzelnen – z.B. neuen „riskanten" Elementen;
- Ermittlung von Motiven, Wünschen und Kritik von Mitgliedern, Mitarbeitern und anderen strategisch wichtigen Zielgruppen.

Dabei können Fokusgruppen sowohl vor einem Projekt (z.B. zur Generierung von Ideen oder Hypothesen), als auch projektbegleitend (z.B. zur Überprüfung eines Konzepts oder einer Idee) oder nach einem Projekt (z.B. zur Evaluation) durchgeführt werden.

Fokusgruppen sind geeignet, Antworten auf eine Vielzahl von Fragen zu liefern. In Umwelt- und Naturschutzorganisationen kann die Methode beispielsweise für folgende Fragen eingesetzt werden:

- Wie kommen aktuelle Aktionen, Kampagnen oder Aufrufe der Organisation bei der Zielgruppe an?
- Welche Elemente bewertet die Zielgruppe als gut bzw. als schlecht? Sind Prioritätensetzungen sinnvoll?
- Wie spreche ich bestimmte Zielgruppen an?
- Was könnte besser bzw. anders gemacht werden, um die Menschen besser zu erreichen? Welche Fehler sollten vermieden werden?
- Welches Bild haben Mitglieder bzw. Mitarbeiter von der Organisation, welche Wünsche, Bedürfnisse und Verbesserungsvorschläge haben sie?

Im Vergleich zu anderen Methoden bieten Fokusgruppen verschiedene *Vorteile*, dazu gehören unter anderen:

Aufgrund ihres offenen Charakters, der Heranziehung von Individuen aus relevanten Zielgruppen und der persönlichen Kommunikation sind Fokusgruppen tendenziell in der Lage, völlig neue, unerwartete und zuvor unbedachte Aspekte und Zusammenhänge aufzudecken, Aufmerksamkeit auf unbewusst wirkende Zusammenhänge und Mechanismen zu richten und Impulse für neue Ideen zu geben.

Ein besonderer Vorteil der Fokusgruppen besteht (wie eingangs dargestellt) in der intensiven und dynamischen Interaktion der Teilnehmer untereinander, da auf diese Weise Themen sehr viel umfassender und z.T. kreativer behandelt werden können als in Einzelbefragungen.

Durch die starke Dialogorientierung und einen offenen und flexiblen Gruppeninterviewstil können tiefergehende Erkenntnisse gewonnen werden als mit manch anderen Methoden (z.B. bei Befragungen mittels festgelegter Fragebögen). Beispielsweise kann bei einzelnen Themen, die sich im Verlauf der Diskussion als wichtig herauskristallisieren, nachgefragt und die Thematik vertieft werden.

Im Vergleich zu anderen Methoden sind Fokusgruppen relativ aufwandsarm und kostengünstig: mit relativ geringem Aufwand kann mit diesem Instrument eine Vielzahl von Informationen gewonnen werden.[54] Je nach Komplexität der Fragestellung, Zielgruppe(n), Kontext, Zeitverfügung und Ressourcenlage variiert der einzukalkulierende Arbeitsaufwand und die damit verbundenen Kosten. Dabei

---

[54] Im Expertenworkshop gegen Ende des Forschungsvorhabens wurden einige der Ergebnisse diskutiert. Ein Experte konstatierte: „Sie haben mit wenig Ressourcen etwas herausgefunden, wofür andere umfangreiche repräsentative Erhebungen durchführen. Dafür können Sie sich selbst loben."

können Fokusgruppen von Umwelt- und Naturschutzorganisationen in Eigenregie durchgeführt oder an ein externes Institut vergeben werden.[55]

Die Methode Fokusgruppen weist aber auch einige *Nachteile* auf. Da Fokusgruppen mit kleinen Stichproben arbeiten, sind ihre Ergebnisse nicht repräsentativ für die Gesamtheit einer Zielgruppe. In vielen Projekten werden je nach Fragestellung daher Fokusgruppen mit anderen (quantitativen) Methoden kombiniert.

Es besteht die Gefahr, dass sich im Verlauf des gruppendynamischen Prozesses einer Fokusgruppe dominante Personen ("Platzhirsche") heraus kristallisieren, die starke Akzentsetzungen vornehmen und den Gang der Diskussion stark beeinflussen können. Dadurch könnten alternative Aspekte marginalisiert und das thematische Spektrum klein gehalten werden.

Generell ist eine Fokusgruppe sehr stark von der Zusammensetzung ihrer Teilnehmer anhängig („eine Fokusgruppe ist nur so gut wie ihre Teilnehmer"). Da man es in der Regel mit unbekannten Personen zu tun hat, besteht hier ein gewisses Risiko. (Kommt es tatsächlich zu einer dynamischen und ausgewogenen Diskussion? Bringen sich alle Beteiligten in die Diskussion ein? Wie interessiert und diskussionsfreudig sind die Teilnehmer?) Zu viele schweigsame oder „störend wirkende" Personen können die Gruppe und den Diskussionsprozess sehr belasten.

Wichtige Erfolgsfaktoren für Fokusgruppen

Folgende Aspekte sind für das Gelingen von Fokusgruppen besonders wichtig:

Die moderierende Person muss ein gutes Verständnis und Gefühl für gruppendynamische Prozesse haben und besonders auf eine Tendenz zur sozialen Erwünschtheit bei den Aussagen achten, d.h. unterschwellige und verdrängte Aspekte thematisieren helfen.

Eine zentrale Bedeutung bei der Durchführung von Fokusgruppen kommt der „Rekrutierung" der TeilnehmerInnen zu. Dabei ist der Aufwand hierfür sehr unterschiedlich in Abhängigkeit von der jeweiligen Zielgruppe, die man zusammenbringen und untersuchen möchte. Wenn beispielsweise auf bestehende Adressdatenbanken zurück gegriffen werden kann (z.B. eine Mitgliederkartei, eine Spenderdatenbank o.ä.), ist der Aufwand relativ gering. Schwieriger wird es, wenn diese Möglichkeit nicht besteht. Im vorliegenden Projekt hat sich für den letzteren Fall vor allem das Internet (Einstellen eines Aufrufs auf die Website sowie Verbreitung über Email Newsletter) als effizienter Weg erwiesen. Als wichtiger Anreiz für die Teilnahme erwies sich die Zahlung einer (geringen) Aufwandsentschädigung.

---

[55] Erfahrungsgemäß ist als absolutes Minimum – bei Kenntnis der Methode – pro Fokusgruppe ein Aufwand von etwa 10 Arbeitstagen einzukalkulieren (Konzeption, Abstimmung, Vorbereitung, Moderation, Dokumentation, Auswertung).

Ein weiterer wichtiger Bestandteil der Methode ist das Einbringen einen konkreten Informations-Inputs in die Diskussion (z.B. Kurzreferat, Fotos, Flyer oder Plakate, Videoclips o.ä. Anschauungsmaterial). Ziel ist es dabei, die Aufmerksamkeit der Teilnehmer auf den Diskussionsgegenstand zu fokussieren und anhand eines konkreten Beispiels zu diskutieren. Auf diese Weise können konkrete Anstöße für die Diskussion gegeben werden und die Gefahr, dass die Ideen und Kommentare der Teilnehmer zu abstrakt bleiben, reduziert werden.

In der Durchführung kann die Methode je nach Bedarf und Gegebenheit unterschiedlich ausgestaltet sein und mit unterschiedlichem Aufwand betrieben werden. Da davon auszugehen ist, dass in der Praxis der Umweltverbände die Methode möglichst effizient eingesetzt werden soll, haben wir im vorliegenden Projekt Vorschläge entwickelt, wie die Methode mit relativ geringem Aufwand durchgeführt werden kann. Hierzu sei insbesondere auf den im Projekt entwickelten Leitfaden für Umweltverbände verwiesen (Göll et al. 2005b).

8. Zusammenfassung der Forschungsergebnisse und Anregungen

In diesem Abschnitt werden die in den einzelnen vorhergehenden Kapiteln dargestellten Forschungsergebnisse des IZT-Vorhabens zusammengefasst. Damit zusammenhängend werden die wesentlichen der im Projektzusammenhang diskutierten und entwickelten Handlungsoptionen und Anregungen dargestellt.[56]

8.1 Zusammenfassung ausgewählter Ergebnisse

Engagementpotenziale: Schon in früheren Umfragen und Schätzungen wurde das allgemeine Engagementpotenzial in Deutschland als relativ hoch angesehen. So stellte der erste Freiwilligen-Survey fest, dass es 37 Prozent der Bevölkerung umfasst (BMFSFJ 2001), und in der jüngsten Studie über das Umweltbewusstsein in Deutschland wurde dies bestätigt und untermauert (BMU/ UBA 2004). Demnach ist das Engagementpotenzial speziell für den Umwelt- und Naturschutz sehr hoch: Ein Drittel der Befragten (33 Prozent) bejahten die Frage, ob sie sich vorstellen könnten, in diesem Bereich aktiv zu werden (siehe Kapitel 3). Dies ist ein erhebliches Potenzial und wäre in angemessener Weise und möglichst weitgehend zu erschließen und für eine dringend erforderliche Umsteuerung in eine nachhaltige Richtung unserer Gesellschaft zu nutzen.

Die Vielfalt an Engagementmöglichkeiten umfasst ein ganzes Spektrum an „Ressourcen", die in der Bevölkerung vorhanden sind. Sie sollten zukünftig von Umwelt- und Naturschutzverbänden verstärkt und genauer wahrgenommen und für die Realisierung ihrer Ziele genutzt und weiterentwickelt werden.

Zum Spektrum von Engagement-Ressourcen, also derjenigen Potenziale, die Bürgerinnen und Bürger in Organisationen insgesamt einbringen können, lassen sich die folgenden zählen:

1. Geld
2. Zeit
3. Wissen
4. Kontakte/ Beziehungen
5. Fachkenntnisse
6. Spezielle Fähigkeiten
7. Motivation/ Leidenschaft
8. Aufgeschlossenheit/Innovativität

---

[56] Neben den empirischen Ergebnissen aus dem Forschungsprojekt des IZT fließen in die folgenden Überlegungen und Empfehlungen auch die Ergebnisse des durchgeführten Expertenworkshops sowie der Diskussionen aus dem Fachbeirat Fundraising des BMU ein (siehe hierzu Göll et al 2005c und die BMU-Broschüre BMU 2005).

Nun sind die unterschiedlichen Verbände und Organisationen in recht unterschiedlichem Maße und zu unterschiedlichen Zeitpunkten auf diese verschiedenen Ressourcen angewiesen und müssen sie dementsprechend passend akquirieren. Alle diese Ressourcen existieren in unserer Gesellschaft und müssen wahrgenommen, anerkannt, gefördert und zur Nutzung beziehungsweise zur Realisierung gebracht werden.

Dem gegenüber stehen die Interessen und Motive der Bürgerinnen und Bürger, die verschiedene Erwartungen an ein freiwilliges Engagement stellen. Diese Erwartungen reichen von dem Wunsch, gesellschaftlich etwas zu verändern/ etwas für die Umwelt zu tun und eigene Projekte zu verwirklichen über Möglichkeiten, sich weiterzuentwickeln und Neues zu lernen bis hin zu einer sinnvollen Freizeitbeschäftigung, die Spaß macht und wo man mit gleichgesinnten Menschen zusammenkommt.

In der folgenden Grafik sind die sich daraus ergebenden Wechselbeziehungen zwischen Bürgerinnen und Bürgern einerseits und den Organisationen andererseits dargestellt. Die Herausforderung für die betroffenen und interessierten Akteure und Organisationen besteht nun genau darin, präzise Kenntnisse über das Nachfrage- und Angebotspotenzial zu gewinnen, diesbezüglich Transparenz zu schaffen und dann vor allem passende Verbindungen herzustellen. Es muss gewissermaßen ein „**matching**" zwischen den Interessen der Freiwilligen und den Organisationen vorgenommen werden, um für die unterschiedlichen Aufgaben möglichst passgenau kompetente Leute zu finden. Als mögliche Lösungsansätze und Instrumente können genannt werden: Stellenausschreibungen (z.B. für Praktikumplätze oder für spezielle Projekte oder Kampagnen), Pinnwände an geeigneten Orten (wie Schulen, Volkshochschulen, Kirchengemeinden, Freizeitstätten, Bioläden etc.), Freiwilligenbörsen im Internet und bereichsübergreifende Servicestellen (z.B. Freiwilligenagenturen).

Grafik: Wechselbeziehungen zwischen Bürgerinnen/ Bürgern und Umweltorganisationen

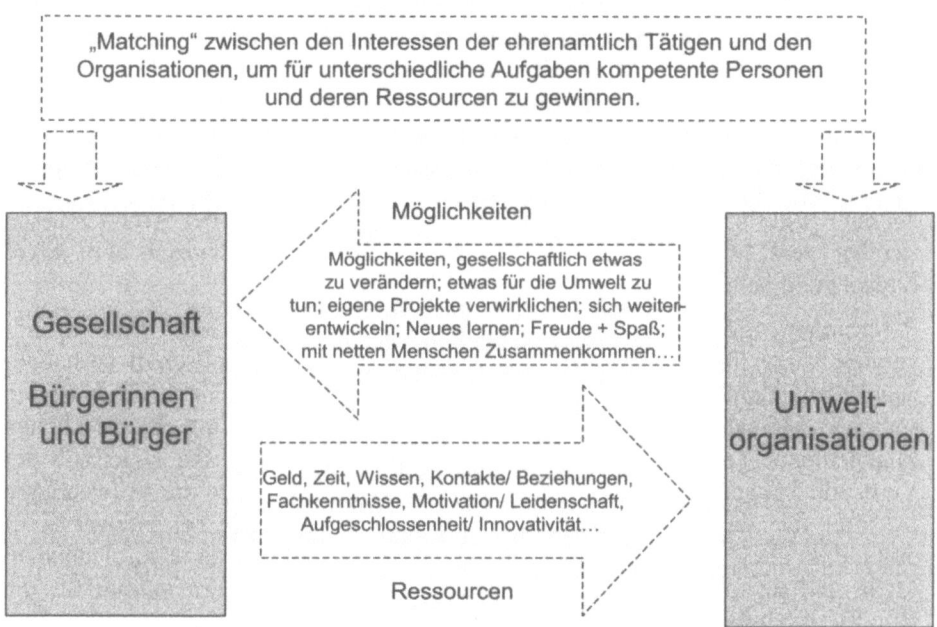

Zielgruppen und Motive: Die zunehmende Ausdifferenzierung der Lebensstile und soziokulturellen Milieus, die Individualisierung, die Beschleunigung des Wandels und das Aufkommen einer „Multioptionsgesellschaft" (Gross 1994) machen es für fast alle Institutionen unserer (post-) modernen Gesellschaft erforderlich, ihr gesellschaftliches Umfeld genauer als dies früher notwendig gewesen sein mag zu beobachten, wenn eine gezielte Kommunikation, Interaktion, Beeinflussung oder gar Mobilisierung beabsichtigt ist.

Auch die Umwelt- und Naturschutzverbände sind gefordert, sich diesem Kernproblem zu widmen, und sich nicht nur auf – wie eine interviewte Expertin es ausdrückte – „gefühlte Zielgruppen" zu beziehen. Hierfür sollten – wie im Marketing vieler Bereiche üblich – stärker auch solche Denkschemata wie Motivtypen und Lebensstile (z.B. Sinus-Milieus) genutzt werden, um die unterschiedlichen Menschen und Zielgruppen angemessener und realistischer wahrzunehmen, und damit auch zielgenauer ansprechen sowie spezifische Engagementformen anbieten zu können.

Im Forschungsvorhaben des IZT wurden folgende strategisch relevante Zielgruppen in einer Reihe von Fokusgruppen hinsichtlich ihrer Engagementbereitschaften und der Voraussetzungen dafür genauer untersucht: Passive Mitglieder, Neue Ehrenamtliche, Potenziell Interessierte und Uninteressierte/ Uninformierte.

Als Resümee lässt sich zusammenfassen, dass bei den „Passiven Mitgliedern" und den „Potenziell Interessierten" große Potenziale für ein Engagement im Umweltbereich bestehen. Umweltverbände sollten daher versuchen, die „Einstiegshürde" für ein Engagement bei ihnen erkennbar herabzusetzen und zielgenaue und attraktive Angebote für eine Mitarbeit zu schaffen. Als wesentliche Voraussetzung für eine Mitarbeit wurden von diesen beiden Zielgruppen genannt: sich in der Gruppe wohlfühlen können; sich in Bereichen engagieren, die sie besonders interessieren und in denen sie ihre speziellen Kompetenzen und Fähigkeiten einbringen können; klar umrissene und zeitlich begrenzte Projekte für eine Mitarbeit, um flexibel agieren zu können; Erfolge der Arbeit müssen sichtbar sein; die Einzelnen wollen auch selber einen Nutzen von ihrem Engagement haben.

Potenzialerschließung durch Umwelt- und Naturschutzverbände: Eine Grundvoraussetzung für eine bessere Erschließung der in der Gesellschaft vorhandenen Engagementbereitschaft für den Umwelt- und Naturschutzbereich ist ein spürbarer Mentalitätswandel hin zur allgemeinen Wertschätzung ehrenamtlichen Engagements. Dies scheint bei den ExpertInnen innerhalb und außerhalb der Verbände bekannt zu sein, ebenso gibt es Kenntnisse über die notwendigen Schritte, aber das zentrale Hemmnis besteht (wie so häufig bei Innovationen) darin, dass die Umsetzung in den Organisationen bislang nur in unzureichendem Maße und unzureichender Geschwindigkeit stattfindet. Daher müsste für die Umweltverbände der nun erforderliche wesentliche Schritt darin bestehen (soweit noch nicht geschehen), eine Organisationsentwicklung aktiv in Angriff zu nehmen und eine gezielte Veränderung der Organisationsstrukturen im Sinne eine Verbesserung der Ehrenamtsförderung zu bewerkstelligen.[57]

Doch in vielen Organisationen mangelt es an einer hinreichenden Bereitschaft und Fähigkeit, neue Interessierte aktiv zu integrieren. Zu häufig bilden sich in den Verbänden und Initiativen – ähnlich wie in Organisationen anderer Bereiche – in gewissem Sinne „Clubs" und „Ingroups" heraus, die kaum erkennbare informelle Strukturen aufweisen und selten Offenheit pflegen.[58] Sie benötigen Impulse und Unterstützung, um sich zu öffnen und die brachliegenden Ressour-

---

[57] Dies war auch das Resümee des IZT-Expertenworkshops zum Umweltengagement vom 28.1.2005 und wird auch in diversen Studien sowie in den im Rahmen des Forschungsvorhabens durchgeführten Experteninterviews häufig bestätigt. Aussage eines Experten: „Das Projekt kommt zu ähnlichen Ergebnissen wie auch schon der Freiwilligen-Survey. Das Neue, mit dem Sie über den Freiwilligen-Survey hinaus gehen, ist Ihre Schlussfolgerung: Das Nadelöhr ist nicht die mangelnde Bereitschaft in der Bevölkerung sondern es sind die Organisationen. Dies kann man nicht deutlich genug unterstreichen!"

[58] Dieses häufig auftretende Phänomen in kleinen Gruppen hat bereits vor einem Jahrhundert der Soziologe Georg Simmel als einer der ersten und besonders intensiv untersucht (z.B. in: „Soziologie. Untersuchungen über die Formen der Vergesellschaftung", 1908).

cen für ihre Arbeit zu erkennen, anzuerkennen, heranzuziehen und gezielt zu nutzen. Nicht zuletzt um die Überlastung der Hauptamtlichen ernst zu nehmen und ihr aus dem Weg zu gehen, sollten formale Strukturen für die Ehrenamtsförderung geschaffen werden, wie beispielsweise Stellen für Freiwilligen- oder EhrenamtskoordinatorInnen auf den verschiedenen Ebenen (z.B. auf Kreisebene). Nur derartige Lösungen können die zunehmend wichtiger werdenden Ansprüche und Aufgaben der Mobilisierung externer Ressourcen wie ehrenamtliches Engagement bzw. Fundraising gewährleisten, ohne dass die notwendigen Alltagsaufgaben vernachlässigt werden. In England beispielsweise bearbeiten Ehrenamtliche die Fachthemen und werden dabei von den Hauptamtlichen eher koordiniert und unterstützt. Dieser Service-Gedanke sollte auch in deutschen Verbänden stärker in den Vordergrund rücken („ehrenamtliches Engagement als eine strategische Ressource"). Dementsprechend wäre im Arbeitsalltag immer wieder einmal die Frage zu stellen: was haben wir den Ehrenamtlichen zu bieten? Daher wäre auch Fundraising als ein selbstverständlicher Bestandteil eines professionellen allgemeinen „Friendraising" zu verstehen und beides möglichst systematisch zu kultivieren. (Der Begriff des „Friendraising" wird hierbei verstanden als der Aufbau und die Pflege von guten Kontakten zu unterschiedlichen Akteuren – also die „Herstellung von Freundschaften" – mit der Intention, durch das entstehende Netzwerk bei Bedarf Unterstützungsleistungen aller Art mobilisieren zu können – vom ehrenamtlichen Engagement bis zur finanziellen Unterstützung.)

Bürgerschaftliches Engagement müsste aufgrund der absehbar wachsenden Relevanz stärker in die Bildung und Ausbildung aufgenommen werden. Im Fazit einer neueren Studie heißt es zu diesem Themenbereich: „In Studium und Ausbildung erworbene Qualifikationen wurden von allen Befragten als wichtig für eine qualifizierte Mitarbeit in einer gemeinnützigen Organisation erachtet. Aber auch Kompetenzen, die auf Lernprozesse in einer hauptamtlichen Tätigkeit oder einem früheren ehrenamtlichen Engagement zurückverweisen sowie das ‚learning on the job' in der aktuellen Tätigkeit, wurden als wichtig eingeschätzt. Trotz dieser vielfältigen Lernkontexte sahen die meisten Befragten Weiterbildungsbedarf. Während Fort- und Weiterbildungen im Aufgabengebiet der Organisation und der Öffentlichkeitsarbeit bei allen Befragten ganz oben auf der Präferenzliste standen, formulierten die ehrenamtlichen Führungskräfte ausgeprägte Weiterbildungswünsche im Bereich des Freiwilligenmanagements, Hauptamtliche im Projektmanagement und im Bereich Finanzen."[59]

Um die Engagementpotenziale besser als bisher zu erschließen, bieten sich beispielsweise Allianzen und Kooperationen mit Akteuren aus anderen

---

[59] Bundesministerium für Familie, Senioren, Frauen und Jugend (2006, S.70).

gesellschaftlichen Handlungsbereichen an, wie z.B. dem Gesundheitsbereich und dem Sport.

Schließlich ist stärker ins Auge zu fassen, ob und inwieweit beim Fundraising und beim Ehrenamt stärker mit Unternehmen zusammengearbeitet werden sollte. Praxisbeispiele aus dem In- und Ausland zeigen, wie viel beide Seiten trotz aller Differenzen und auch Negativklischees voneinander lernen und gewinnen können, wenn sie sich unter bestimmten Voraussetzungen und in sinnvoller Weise aufeinander einlassen.

Erfahrungen aus anderen Ländern: Von einigen anderen Ländern wie beispielsweise Kanada, USA oder skandinavischen Staaten können Umwelt- und Naturschutzverbände (und andere wichtige Akteure) in Deutschland noch vieles Lernen in Sachen professionelles Freiwilligenmanagement und „Kultur des Ehrenamts".[60]

Bürgerschaftliches Engagement ist in diesen Ländern fest im gesellschaftlichen Grundverständnis verankert, und der personelle und finanzielle Einsatz von BürgerInnen für das Wohl des Gemeinwesens wird als selbstverständlich angesehen. Um dies zu ermöglichen, werden von den Organisationen Fundraising und Volunteering auch im Umweltschutzbereich seit langem professionell und innovativ betrieben.

In diesen Staaten, insbesondere in den USA, existiert eine gut ausgebaute Infrastruktur von Organisationen, die sich der Förderung und Vermittlung des bürgerschaftlichen Engagements in bereichsüberreifender Form widmen. Sie werben einerseits für freiwilliges Engagement in unterschiedlichen Bereichen (Soziales, Bildung, Umwelt etc.) und fungieren dabei zugleich als Anlaufstelle für engagementwillige Personen. Die Vermittlung dieser Personen an entsprechende Non-Profit-Organisationen (NGOs), das Einwerben von Spenden sowie das Herbeiführen und Begleiten von Kooperationen zwischen NGOs und Unternehmen bilden die Haupttätigkeitsfelder dieser sogenannten Mittlerorganisationen oder Engagementmakler. Ergänzend zu den verschiedenen lokal und regional tätigen Mittlerorganisationen existiert auf nationaler Ebene ein gut entwickeltes Netz von zentralen Vermittlungs-, Dach- und Fachorganisationen, die ihrerseits die lokalen Tochterorganisationen unterstützen. Ihre Tätigkeitsbereiche erstrecken sich über die Beratung von lokalen Non-Profit-Organisationen und Unternehmen in allen Fragen des bürgerschaftlichen Engagements, über das Organisieren von Tagungen, Publizieren von Fachliteratur und Durchführen empirischer Erhebungen und Forschungsarbeiten bis hin zum Fundraising. Hervorzuheben ist, dass diese nationalen Fachorganisationen zu einem beträchtlichen Teil durch öffentliche Fördermittel unterstützt werden.

---

[60] Viele der in Kapitel 4 dargestellten bzw. erwähnten Beispiele aus anderen Ländern zeichnen sich durch Charakteristiken und Merkmale aus, die den hier empfohlenen Maßnahmen entsprechen bzw. nahe kommen.

Eine wichtige Rolle spielen auch Programme zur Qualifizierung des freiwilligen Engagements. Diese umschließen sowohl den unmittelbaren Basis- als auch den Managementbereich.

Auch Unternehmen als Zielgruppe für bürgerschaftliches Engagement können eine viel bedeutendere Rolle spielen, wie die Umsetzung der Leitbilder „Corporate Social Responsibility" (CSR), „Corporate Citizenship" (CC) und „Nachhaltigkeit" in den anderen Ländern zeigt: Unternehmen, die sich an diesen Leitbildern orientieren, engagieren sich in finanzieller, fachlicher und personeller Hinsicht für gesellschaftliche Belange und gehen dazu auch Kooperationen mit NGOs ein. Unternehmen leisten unter dem Stichwort „Corporate Giving" Finanz- und Sachspenden an gemeinnützige Organisationen oder direkt an die Kommune, bzw. es erfolgt die Unterstützung von NGOs durch direktes personelles Engagement von Unternehmensmitarbeitern, was als „Corporate Volunteering" bezeichnet wird.

Methode Fokusgruppen: Im Projekt hat sich gezeigt, dass Fokusgruppen für Umwelt- und Naturschutzorganisationen eine gute Möglichkeit darstellen, ein besseres Verständnis ihrer Mitglieder und anderer Zielgruppen in ihrem Umfeld zu erlangen und Grundlagen für ein zielgenaueres Fundraising oder die Werbung neuer Mitstreiter zu schaffen. Fokusgruppen können hier beispielsweise eingesetzt werden zur Überprüfung von Fundraising-Kampagnen, zur Überprüfung von Strategien der Mitgliederwerbung oder zur Ermittlung von Motiven, Wünschen und Kritik von Mitgliedern, Mitarbeitern und anderen strategisch wichtigen Zielgruppen.

Durch die starke Dialogorientierung und einen offenen und flexiblen Gruppeninterviewstil, der es erlaubt nachzufragen und Themen zu vertiefen, können mit Fokusgruppen tiefergehende Erkenntnisse gewonnen werden als dies beispielsweise mit festgelegten Fragebögen möglich ist. Auch sind Fokusgruppen im Vergleich zu anderen Methoden relativ aufwandsarm und kostengünstig durchzuführen (siehe Kapitel 7).

8.2 Anregungen für Umwelt- und Naturschutzverbände

In den folgenden beiden Kapiteln werden Erkenntnisse, Einschätzungen und Handlungsmöglichkeiten zusammengefasst, die im Verlauf der Experteninterviews, der Literaturauswertung, der Fokusgruppen und der Diskussionen innerhalb des Fachbeirates Fundraising sowie der Bilanztagung als wesentlich zum Ausdruck gebracht worden sind.

Die im Folgenden zusammengefassten Handlungsoptionen und -perspektiven sind als Anregungen zu verstehen und mögen zur Inspiration für neue Schritte dienen. Die konkrete Relevanz und Priorität ist von der einzelnen interessierten Institution, Organisation und Initiative selbst zu klären. Die Anregungen sind von den jeweiligen Akteuren ggf. zu spezifizieren, zu ergänzen und anzupassen.

Mobilisierung und Förderung von personellem Engagement: Die Untersuchungen haben ergeben, dass eine zentrale Voraussetzung für die Stärkung des freiwilligem Engagements die Schaffung eines Bewusstseins in den Umweltorganisationen für die Bedeutung eines professionellen Freiwilligenmanagements ist. Sowohl Freiwilligenkoordination und -management als auch Fundraising sollten demnach von den Verbänden als zentrale Handlungsfelder anerkannt werden, die sowohl den Einsatz von Zeit und Aufmerksamkeit als auch von Geld und Know-how erfordern. Wesentliche Aufgabe muss demnach zum einen die Förderung eines solchen Bewusstseins für spürbare Innovationen in den Verbänden und Organisationen sein, zum anderen ist eine aktive und systematische Ehrenamtsarbeit („Volunteer Policy") zu entwickeln. Dazu gehört die Bereitstellung von finanziellen Ressourcen und Arbeitskräften, die Klärung von Verantwortlichkeiten sowie die Beteiligung an übergeordneten politischen Aktivitäten zur Förderung des Engagements in der Gesellschaft.

Aus dem Forschungszusammenhang können hier konkrete Anregungen dargestellt werden. Dazu gehören unter anderem:

- Festschreibung von Ehrenamtsförderung als Arbeitsziel in den Organisationen. Dabei geht es zum einen um die Herausforderung, wie man „Neue Ehrenamtliche" gewinnt, zum anderen darum, mit welchen Instrumenten man die bereits Aktiven fördern und unterstützen kann.
- Entwicklung ehrenamtsfreundlicher Organisationsstrukturen („capacity building"). Dies beinhaltet die Entwicklung von Leitlinien und die Formulierung klarer Zielsetzungen für die Arbeit der Ehrenamtlichen, ein geklärtes Rollenverhältnis von Haupt- und Ehrenamtlichen (Kultivierung eines partnerschaftlichen und vertrauensvollen Umgangs zwischen Haupt- und Ehrenamt), Optimierung der Kommunikationsflüsse, der Organisationsstrukturen und der Verteilung von Finanzmitteln.
- Bereitstellung von zusätzlichen zeitlichen und personellen Ressourcen auf der übergeordneten Ebene der großen Verbände für die Beratung, Betreuung und die Koordination der diesbezüglichen Aktivitäten an der Basis.
- Bündelung der Aktivitäten zur Förderung des Engagements auf der Bundesebene der einzelnen Organisationen.
- Betreuung ehrenamtlicher Arbeit durch die Benennung von ehren- oder hauptamtlichen Freiwilligenkoordinatoren in allen Organisationen und auf allen Verbandsebenen.
- Schaffung von Beratungsangeboten und Foren zum Erfahrungsaustausch für Freiwilligenkoordinatoren.

Für eine Verbesserung der Rahmenbedingungen für ehrenamtliches Engagement im Umwelt- und Naturschutzbereich ist ein unterstützendes Klima erforderlich. Daher müsste einerseits die Öffentlichkeits- und Medienarbeit der Verbände in diesem Sinne wirken, zugleich sollten aber auch konkrete Ansprüche an die

Medien gerichtet werden, ihrer Verantwortung hinsichtlich Erhaltung unserer Lebensgrundlagen und Nachhaltiger Entwicklung stärker als bisher nachzukommen.

Zielgruppen: Die Umwelt- und Naturschutzverbände, so das Ergebnis der Erhebungen, sollten eine bessere und zielgruppenspezifische Werbung für das Ehrenamt betreiben und das vielfältige Engagementpotenzial in der Bevölkerung präziser wahrnehmen und nutzen. Dabei erscheint es – wie die Ergebnisse der Fokusgruppen zeigten - wichtig, „die Leute dort abzuholen, wo sie sind", das heißt die Befindlichkeiten, Wünsche und Bedürfnisse der Menschen besser zu berücksichtigen, die Eintrittsschwelle in eine Organisation oder zu einem Projekt möglichst niedrig zu halten, konkrete Angebote und Anreize zur Mitarbeit zu schaffen und die Wertschätzung des ehrenamtlichen Engagements deutlich zu machen.

Zu den aufwandsarmen Methoden, Zielgruppen genauer zu untersuchen, gehören beispielsweise Telefonumfragen und Fragebogen-Aktionen. Für die Erhebung von Motivationen und Interessen strategisch wichtiger Zielgruppen eignet sich insbesondere die Methode Fokusgruppen.

Weitere konkrete Anregungen, die im Laufe der Experten-Interviews und Fokusgruppen genannt worden sind:

- Werbung von Interessierten durch persönliche Ansprache und Begleitung bei der Eingliederung in die Organisation (z.B. durch systematische Einarbeitung, Informationsmaterialien für neue Mitarbeiter etc.).
- Entwicklung und Nutzung von konkreten Einstiegs- und Schnupper-Angeboten (z.B. in Form von Aktionen, Projekten, Mitmach-Tagen).
- Erprobung bzw. Durchführung neuer Maßnahmen zur Mitgliederbindung durch Bonusangebote (wie bspw. Ermäßigungsangebote in Kooperation mit Umwelt-Shops und anderen Anbietern) und der Einsatz verschiedener Anerkennungsinstrumente für Spender und Legatgeber (Erbschaft).
- Instrumente wie Stellenausschreibungen und Engagement-Börsen im Internet (Stichwort „matching" zwischen Angebot und Nachfrage).
- Angepasste Mentoring-Angebote, insbesondere für den Führungskräfte-Nachwuchs.

Im Gegensatz zu anderen Ländern wird in Deutschland das Potenzial von älteren Bevölkerungsgruppen/ Senioren noch nicht hinreichend wahrgenommen und mobilisiert. Angesichts der Bevölkerungsentwicklung und des zunehmenden Lebensalters sollte dieses im Wachsen begriffene Potenzial zukünftig besser genutzt werden.

Qualifizierung und Weiterbildung: Bürgerengagement setzt voraus, dass die Bürger über Gestaltungskompetenz verfügen. Diese Kompetenzen können durch entsprechende Bildungsangebote in verschiedenen Lernorten gestärkt und gefördert werden (z.B. in Schule und anderen Bildungseinrichtungen). Zudem werden diese Eigenschaften durch das praktisch ausgeübte bürgerschaftliche Engagement in den Organisationen erlernt und weiterentwickelt. Die unterschiedlichen Bildungs- und Engagementbereiche sollten deshalb stärker zusammenarbeiten, um diesen Bereich des informellen Lernens für eine nachhaltige Entwicklung zu entwickeln und zu verbessern.

Des Weiteren sind bedarfsgerechte Fort- und Weiterbildungsangebote für ehrenamtlich Engagierte erforderlich. Die Ergebnisse aus den Fokusgruppen sowie andere Studien in diesem Bereich haben gezeigt, dass die Weiterentwicklung eigener Fähigkeiten sowie das Lernen neuer Kompetenzen wichtige Motivationsfaktoren für das freiwillige Engagement sind und wesentlich zur Zufriedenheit der Mitarbeiter beitragen können. Umweltverbände sollten zudem Instrumentarien entwickeln, die es auch den Einsteigern erlauben, in den Organisationen aktiv zu werden (Nutzung von „Wissensmanagement" und „Qualifikationssystem" für Ehrenamtsarbeit).

Weitere Anregungen und Empfehlungen im Einzelnen:

- Für Engagementeinsteiger sollten die Ansprüche möglichst niedrig gehalten und es sollten Einarbeitungsangebote sowie Qualifizierungsmöglichkeiten für Einsteiger geschaffen werden.

- Schaffung von Fort- und Weiterbildungsangeboten für ehrenamtlich Engagierte in den Verbänden.

- Aufbau verbandsübergreifender Qualifizierungsnetzwerke für ein Train-the-trainer System (z.B. das Modell des Environmental Trainers Network in Großbritannien).

- Intensivierung der Kooperation zwischen Umweltorganisationen und anderen gesellschaftlichen Gruppen und Einrichtungen (z.B. Kooperationen mit Schulen, zwischen Umweltzentren und regionalen Nachhaltigkeitsinitiativen).

- Potenziale, die das Internet für die interne und externe Kommunikation bietet, sollten stärker genutzt und ausgebaut werden.

- Zur Entwicklung und Nutzung von Engagementpotenzialen für den Umwelt- und Naturschutz sollte an die Aktivitäten und Arbeitszusammenhänge der UN-Dekade für Nachhaltige Bildung angeknüpft werden, die Anfang 2005 gestartet wurde. Sinnvoll erscheint hier eine Unterstützung der Unterarbeitsgruppe „AG informelles Lernen".

Synergien durch Koordinationsstellen, Unterstützungsstrukturen und Vernetzung: Als sehr sinnvoll und wünschenswert wird von VerbandsvertreterInnen und weiteren ExpertInnen die Einrichtung regionaler Koordinationsstellen und Unterstützungsstrukturen (z.B. Regionalgeschäftsstellen mit Freiwilligenkoordinatoren) zur Betreuung und als Service für ehrenamtliche Mitarbeiter sowie zur Ansprache, Einarbeitung und Betreuung von interessierten Neuen angesehen. In diesem Zusammenhang wäre beispielsweise auch der Aufbau eines gemeinsamen Internetportals denkbar. Um dies organisationsübergreifend zu etablieren, wäre allerdings dafür Sorge zu tragen, dass eine solche Institutionalisierung auch von den Umwelt- und Naturschutzverbänden getragen wird. Auf einer solchen sicheren Basis müsste dann auch eine öffentliche Unterstützung vor dem Hintergrund bisheriger Erfahrungen im In- und Ausland geklärt werden.

Die Entwicklung von Instrumenten zum optimalen Wissensmanagement für ehrenamtliches Engagement in Umweltverbänden ist ein weiterer Lösungsansatz. Auch hierfür wäre der Aufbau eines gemeinsamen, für alle Umweltorganisationen nutzbaren Internet-Portals in Erwägung zu ziehen.[61] Für derartige Lösungen wäre vor allem für kleinere Organisationen der punktuelle und aufgabenbezogene Zusammenschluss mehrerer Organisationen denkbar. Letztere könnten auch versuchen, in bereits existierenden Netzwerken zum Fundraising sowie durch die Zusammenarbeit mit Freiwilligenagenturen und anderen übergreifenden (intermediären) Organisationen, die es in vielen Städten und Regionen gibt, kollegiale Unterstützung und Austausch zu erhalten.

Insgesamt wäre eine stärkere Zusammenarbeit von Umweltorganisationen mit anderen gesellschaftlichen Themen- und Engagementbereichen sinnvoll. Kooperationen von Umwelt- und Naturschutzverbänden mit Organisationen anderer Themenbereiche, wie z.B. Sport, Bildung, Gesundheit oder Kultur erscheinen hierfür interessant.

Qualitätsstandards für Umweltverbandsarbeit: Um für die Arbeit von Umwelt- und Naturschutzverbänden mehr Unterstützung zu gewinnen, erscheint die Entwicklung von speziellen Kriterien/Indikatoren sehr empfehlenswert, wie dies in anderen Organisationen bereits erfolgt beziehungsweise versucht wird. Dies könnte z.B. in Form von Qualitätsstandards geschehen. Durch ein solches Instrument und seine Umsetzung könnte ein doppelter Effekt erzielt werden: erstens eine bessere Außendarstellung der eigenen Tätigkeit und der Arbeitsergebnisse, und zweitens eine Verbesserung der internen Abläufe beispielsweise durch klarere Botschaften, Ziele und Strukturen, durch effizienteres Wirtschaften und höhere Motivation bei MitarbeiterInnen.

Während die großen Umwelt- und Naturschutzverbände zum Teil bereits ihre eigenen Instrumente zur Qualitätssicherung eingeführt haben, stellt sich für die kleinen und mittleren Organisationen die Nutzung von Instrumenten wie beispielsweise der Balanced Scorecard oder gar die Einführung von Qualitätsmanagementsystemen als viel zu aufwändig und zu teuer dar. Für diese Organisationen gilt es deshalb auf ihre spezifische Weise zu klären, wie dennoch eine Qualitätssicherung zu realisieren ist. Denn auch die kleinen Organisationen müssen sich fragen, wie sie ihren Mitgliedern, ihren Geldgeberinnen und Geld-

---

[61] Beispielsweise könnte dies auf der Ebene des DNR geschehen. Ein erfolgreiches Beispiel existiert u.a. für den Sportbereich (siehe www.ehrenamt-im-sport.de).

gebern oder der Öffentlichkeit nachweisen, dass sie erfolgs- und qualitätsorientiert arbeiten.

Die Befassung mit diesem Thema steht derzeit allerdings noch am Anfang und wäre daher vor allem innerhalb und zwischen den Verbänden noch intensiv zu diskutieren und weiter zu entwickeln.

Mobilisierung und Förderung von finanziellem Engagement: Aufgrund der noch ungelösten objektiven und drängenden Problemlagen in Bereichen des Umwelt- und Naturschutzes stehen die Verbände vor immensen Herausforderungen, und die damit einhergehenden Anforderungen an ihre Arbeit wachsen weiter an.[62] Zugleich jedoch führt nicht zuletzt die anhaltende sozio-ökonomische und politische Krisenlage in Deutschland zu Einschränkungen und anwachsenden Ansprüchen bei der Vergabe öffentlicher aber auch privater Mittel.[63]

Die meisten Umwelt- und Naturschutzverbände sind daher gezwungen, unter anderem neue Strategien zur Finanzierung zu entwickeln und anzuwenden. Gemäß der jüngsten Studie des Bundesumweltministeriums „Umweltbewusstsein in Deutschland 2004" (BMU/ UBA 2004) ist die Spendenbereitschaft für Umwelt- und Naturschutzbelange relativ stabil. Gleichwohl mangelt es in Umwelt- und Naturschutzverbänden häufig noch an Erfahrungen und Kompetenzen für diesen Bereich der Ressourcenmobilisierung. Ähnlich wie für den Bereich Mobilisierung und Förderung von personellem Engagement bezieht sich dieses Defizit – beziehungsweise diese Herausforderung – auf die Grundeinstellung zum Fundraising (Stichwort: „Kundenorientierung"). Damit verbunden sind mangelnde Kenntnisse über Motive und Ansprüche der potentiellen Spender beziehungsweise Geldgeber (Ansprache, Informationsbedürfnisse, Vertrauensbildung z.B. durch Spendensiegel, Kundenpflege). Außerdem sind die Kenntnis und der adäquate Einsatz der vielfältigen Fundraisingmethoden meist noch gering und rudimentär.

Unverzichtbar erscheint prinzipiell, dass die unterschiedlichen Potenziale, die nachweislich im Fundraising liegen, von den Umweltorganisationen stärker wahrgenommen werden als bisher. Häufig fehlt ein Bewusstsein dafür, dass es sich auszahlt, die eigene Organisation auf Fundraising auszurichten und personell, organisatorisch und finanziell in gute Fundraising-Maßnahmen zu investieren. Dabei ist zu berücksichtigen, dass die Fundraising-Strategien genau an die

---

[62] Zu nennen wären hierfür z.B. Klimawirkungen, Biodiversität, Globalisierung. Siehe dazu den aktuellen Bericht des zweiten Millennium Ecosystem Assessment: „Biodiversity and Human Well–being: A Synthesis Report for the Convention on Biological Diversity" (http://www.millenniumassessment.org/en/index.aspx).

[63] So werden bspw. höhere Eigenanteile und Kofinanzierung gefordert, es erfolgt eher Projektförderung statt institutioneller Förderung, Verwaltungseinsparung soll durch Bevorzugung weniger großer statt mehrerer kleiner Projekte erzielt werden, Beschränkung zielen auf Innovations- statt Breiten- oder Diffusionsförderung.

Stärken und Schwächen der jeweiligen Organisation und an Art, Umfang und Zielsetzung der Aktivitäten, für die Mittel eingeworben werden sollen, angepasst werden müssen.[64] Wichtig ist es bei Fundraisingaktivitäten, die Einstellungen und Bedürfnisse unterschiedlicher Zielgruppen und sozial-kultureller Milieus zu berücksichtigen.[65]

Voraussichtlich wird in Zukunft der Verdrängungswettbewerb zwischen verschiedenen Spendenbereichen und Organisationen wachsen, was auch die Umweltorganisationen und ihre finanziellen Bemühungen tangiert. Andererseits sind in den nächsten Jahren weiterhin große Transfers an Erbschaftsmasse zu erwarten, wodurch neue Chancen für den Umweltbereich eröffnet werden, da das Thema „Erhalten und Bewahren der Umwelt für die nächste Generation" gute Anknüpfungspunkte bietet.

Für Fundraising-Maßnahmen ist es aufgrund ihrer Komplexität sowie ihrer finanziellen, technischen und organisatorischen Voraussetzungen ratsam, professionelle Beratung und Unterstützung heranzuziehen. Nicht zuletzt auch im Hinblick auf eine effiziente Mittelverwendung ist ein professionelles Fundraising unerlässlich.[66]

Konkrete Empfehlungen und Anregungen:

- Um Fundraising erfolgreich(er) zu betreiben, sollten Umwelt- und Naturschutzverbände „kundenorientierter" arbeiten. Spender und Geldgeber verausgaben ihr Geld auch aus moralischen Gründen, aber es muss ihnen deutlich gemacht werden, dass das beabsichtigte Projekt genau das „Produkt" ist, das sie als Spender/ Geldgeber für sinnvoll, nötig und unterstützenswert halten.

- Erfolgreiches Fundraising erfordert gutes Marketing („Tue Gutes und sprich darüber"). Die Organisationen können mit größeren Erfolgen rechnen, wenn sie stärker auf die Menschen der relevanten sozialen Milieus zugehen und ihre Projekte zielgruppengerecht aufbereiten und präsentieren.

- Viele Umweltthemen lassen sich durch eine geschickte Verknüpfung mit dem konkreten Lebensumfeld der Menschen (beispielhaft seien angeführt die The-

---

[64] Für lokale Initiativen, die ausschließlich oder vorwiegend ehrenamtlich arbeiten aber über viele Möglichkeiten für direkte Kontakte vor Ort verfügen, sind andere Fundraising-Strategien geeignet als für überregional arbeitende Organisationen mit einem eigenen Büro und personeller und technischer Ausstattung.

[65] Dies trifft vor allem auf innovative Wege des Fundraising zu, wie sie z.B. durch das Internet möglich werden, und neue weiterentwickelte Methoden des „Data-Mining", sowie auf das diffizile Erbschaftsmarketing. Bei den Aktivitäten und Initiativen zum Fundraising ist Sensibilität gefragt, damit Spendenaufrufe, Anfragen und Mailings nicht überhand nehmen und bei den Adressaten der Eindruck entsteht, „geschröpft" oder belästigt zu werden.

[66] Siehe die zahl- und hilfreichen Praxistipps in BMU 2004 und die Anregungen in Radloff et al. 2001.

men Gesundheit, Kinder und Jugendliche, Bildung) sehr viel besser vermitteln als rein ökologische Themen.
- In Staaten wie den USA sind Finanz- und Volunteering-Partnerschaften mit Unternehmen weit verbreitet. Eine stärkere Öffnung hin zu Unternehmen und passenden Unternehmensverbänden dürfte für Umwelt- und Naturschutzverbände von Vorteil sein.
- Kleine Umwelt- und Naturschutzorganisationen sollten gezielter als bisher den besonderen Vorteil ihrer direkten Kontakte vor Ort nutzen. Für Fundraising besitzt die Sozialressource „Vertrauen" eine besonders hohe Bedeutung.

Im Zuge der zunehmenden Beachtung des Leitbilds Nachhaltigkeit (Agenda 21) sowie der Integration von Umweltaspekten in andere Politikbereiche (z.B. über den Cardiff-Prozess der EU) ergeben sich zusätzliche Möglichkeiten, Umwelt- und Naturschutzbelange auch aus den Mitteln anderer Ressorts zu finanzieren. Auch der Jugend- und Bildungsbereich eignet sich für Projekte mit Ausrichtung auf Natur- und Umweltschutz. All das erhöht die Anforderungen an Fähigkeit der Organisationen zu Kooperation, Finanz- und Projektmanagement.

Um die Bedarfe der Verbände und Organisationen nach Beratung, Betreuung und Kompetenzvermittlung zum Thema Fundraising aufzufangen, wurde von Vertretern aus Umweltverbänden sowie weiteren Experten vorgeschlagen, eine zentrale Beratungsstelle zu schaffen (ähnlich BENGO für den Bereich Eine Welt). Eine solche Beratungsstelle könnte bspw. auf der Ebene des DNR angesiedelt werden. Die Beratung sollte private und öffentliche Mittel einschließen, inkl. Fördermittel außerhalb der Umweltressorts sowie der EU und internationaler Organisationen und Institutionen, die bisher von deutschen Verbänden im Vergleich zu anderen Staaten nur unzureichend erschlossen werden.

8.3 Anregungen für Akteure in Staat und Gesellschaft

Im Rahmen des zivilgesellschaftlichen Engagements werden mit den personellen, fachlichen, organisatorischen und finanziellen Ressourcen von Umwelt- und Naturschutzverbänden bedeutsame öffentliche Güter für die Allgemeinheit „produziert". Ihr Engagement kommt nicht nur heutigen, sondern auch künftigen Generationen zugute. Schließlich gehören sie außerdem erfahrungsgemäß zu denjenigen Akteuren, die sich am aktivsten für die Umsteuerung auf einen nachhaltigen Entwicklungspfad einsetzen.[67] Der Staat und seine Institutionen sollten nicht zuletzt aus diesen Gründen die Rahmenbedingungen, in denen ehrenamtliches Engagement und Fundraising für den Umwelt- und Naturschutz

---

[67] Der kürzlich erschienene Bericht „Europe 2005 – The Ecological Footprint" weißt mehr als nachdrucksvoll und sehr anschaulich nach, wie (fehl-)entwickelt viele Staaten sind: US-Amerikaner verbrauchen das 6-fache, EU-BürgerInnen das etwa 3- bis 4-fache der ihnen zuzurechnenden Naturressourcen (Hrsg.: Global Footprint Network, WWF und IUCN; siehe http://www.footprintnetwork.org/).

stattfindet, so attraktiv und günstig wie möglich gestalten und diese Akteure stärken. Aus den Untersuchungen im Projekt können verschiedene Anregungen für Staat und Gesellschaft abgeleitet werden.

In einem derart wichtigen, komplizierten und dynamischen Handlungs- und Politikfeld wie Umwelt- und Naturschutz ist die Zuschreibung organisatorischer und finanzieller Verantwortung keineswegs klar zu definieren, sondern muss immer wieder neu austariert werden. Demnach ist das Verhältnis zwischen direkter und indirekter staatlicher Förderung und Unterstützung einerseits, und Eigenverantwortung der Verbände andererseits je nach gesellschaftlich-politischer Aufmerksamkeits- und Machtverteilung, je nach Prioritätensetzung von Entscheidungsträgern und Engagementbereitschaft der Bevölkerung immer wieder neu zu klären. Hierbei ist ratsam, Erfahrungen der letzten Jahrzehnte aus dem In- und Ausland heranzuziehen, sowie die zur Verfügung stehenden bzw. mobilisierbaren Potenziale zu nutzen und zu fördern. Dabei sollte ein gewisser Grad an Handlungsfähigkeit der Verbände und Organisationen im Umwelt- und Naturschutz durch staatliche Akteure gewährleistet werden.

Staatliche Instanzen sollten die Umwelt- und Naturschutzverbände in Sachen Capacity-Building und Empowerment gezielt fördern. Zum Beispiel könnte dies durch die verstärkte Finanzierung von Struktur-Projekten erfolgen (z.B. Anteilsfinanzierung, matching funds), wie dies in anderen Staaten bereits seit langer Zeit erfolgreich praktiziert wird. So erscheint beispielsweise die Unterstützung von Modellprojekten zum Aufbau und zur Erprobung regionaler Ehrenamts-Managementsysteme prinzipiell sinnvoll; sie setzt allerdings voraus und ist abhängig davon, dass sie „von unten" entstehen und wachsen. Durch derart gezielte und durchaus konditionierte (z.B. Evaluation, Qualitätsziele) Unterstützung könnten die Organisationsentwicklung angestoßen und professionelle Strukturen für die Ehrenamtsförderung in den Organisationen geschaffen werden.

Wichtige Gestaltungsbereiche wie beispielsweise Vereinsrecht, Steuerrecht, versicherungstechnische Regelungen, die Zuwendungspraxis sowie andere rechtliche Regelungen und öffentlichen Aktivitäten sollten systematisch auf ihre fördernden und hemmenden Wirkungen hin überprüft und entsprechend geändert werden.[68]

Mobilisierung und Förderung von personellem Engagement: Von grundlegender Bedeutung und hoher Dringlichkeit ist eine Verbesserung der symbolischen Anerkennung und gesellschaftlichen Aufmerksamkeit einerseits, und der rechtlichen und materiellen Anerkennung und Förderung andererseits (z.B. mittels

---

[68] Dabei sollte der Umwelt- und Naturschutz generell nicht schlechter gestellt werden als andere Bereiche des zivilgesellschaftlichen Engagements. Auch dieser Aspekt wäre einmal systematisch zu klären.

Aufwandsentschädigungen, steuerliche Absetzbarkeit, Versicherungsschutz, Anerkennung als berufliche Praktika).

Konkrete Empfehlungen und Anregungen:

- Optimierung des Zuwendungsrechts und Vereinfachung des Zuwendungsverfahrens für Fördermittel.
- Optimierung der Aufwandsentschädigung und ihrer steuerlichen Absetzbarkeit. Dies könnte u.a. Vergünstigungen wie Fahrtickets, Bonushefte, etc. (ähnlich wie im Sportbereich) umfassen.
- Optimierung des Versicherungsschutzes für ehrenamtlich Tätige, auch für kleine Organisationen.
- Berücksichtigung und Anpassung der Rahmenbedingungen der ehrenamtlichen Mitwirkung in politischen oder administrativen Gremien (z.B. durch eine entsprechende Termingestaltung, Angebote zur Kinderbetreuung, Unterstützung bei der Einarbeitung in die relevanten Themen).
- Das dringend erforderliche Capacity Building in den Verbänden für eine effiziente Ehrenamts-/ Freiwilligen-Organisation sollte von staatlichen und öffentlichen Stellen gezielt gefordert, gefördert und vorangetrieben werden. Hierzu gehört auch die Unterstützung der Verbände und Organisationen bei Aufbau und Erprobung regionaler Ehrenamts-Managementsysteme (Unterstützung der Infrastrukturentwicklung der Verbände).
- Schaffung von verbesserten Zugangskanälen auf regionaler und kommunaler Ebene (denkbare Modelle sind Freiwilligenagenturen, Kontaktbörsen etc.).

Da Freiwilligendienste wie das Freiwillige Ökologische Jahr einen wichtigen Zugangsweg für das Umweltengagement darstellen, sollten entsprechende Angebote erhalten und ausgebaut werden.[69]

- Bei der derzeit laufenden Debatte zur Entwicklung neuer generationsübergreifender Freiwilligendienste (wie sie derzeit vor allem im BMFSFJ geführt wird) sollte speziell auch der Umweltbereich mit seinen besonderen Bedingungen und Aufgabenfeldern berücksichtigt werden.
- Zu diskutieren ist insbesondere die Schaffung von Angeboten im Bereich Freiwilligendienste, die sich speziell auch an ältere Bevölkerungsgruppen, v.a. Senioren, richten.[70]

---

[69] Nicht zuletzt wegen der Verbreitung von sogenannten „Ein-Euro-Jobs" und der Schaffung neuer Freiwilligendienste könnte erneut auch über die schwierige Frage einer (geringfügigen) finanziellen Honorierung von Ehrenamtlichen diskutiert werden.

[70] Zur Frage des Potenzials älterer Menschen für ehrenamtliches Engagement siehe Deutsches Zentrum für Altersfragen 2006

- Das Freiwillige Ökologische Jahr als Verknüpfung von Umweltschutz-Engagement, Persönlichkeitsbildung und Weiterbildung sollte ausgebaut werden. Für die Teilnehmer sollte ein besonderes Motivations- und Fortbildungsprogramm angeboten werden.

Übergreifende Einrichtungen: VertreterInnen der Umwelt- und Naturschutzverbände und weiteren ExpertInnen sehen in übergreifenden Einrichtungen wie beispielsweise Freiwilligenagenturen eine Möglichkeit, Umweltorganisationen durch vielfältige Unterstützungsangebote bei ihrer Ehrenamtsarbeit zu unterstützen. Ein weiterer Ausbau solcher Einrichtungen wäre vor allen Dingen von ihrer Seite aus wünschenswert.

Bildung und Qualifizierung: Zentrale Aspekte von Bildung und Qualifizierung für nachhaltige Entwicklung sind die intelligente Nutzung, Optimierung und Kultivierung der zentralen Ressourcen für die gemeinnützige Arbeit (wie Zeit, Know-how und Geld/Sachmittel) und vor allem das Erlernen entsprechender Fähigkeiten, um für die eigenen Aktivitäten Unterstützung zu gewinnen.

- Erfolgreiches Engagement für Umwelt- und Naturschutz benötigt nicht nur Menschen mit ausgebildeter Gestaltungskompetenz, sondern Engagement sollte auch selbst ein Lernort für mehr Professionalität bei der Partizipation an Gestaltungs- und Entscheidungsprozessen sein (und als solcher kenntlich gemacht und gestaltet werden).

- Schulische Bildung sollte aufgrund ihrer Wichtigkeit stärker als bisher für die Entwicklung von Kompetenzen für bürgerschaftliches Engagement genutzt und ausgestattet werden (Anknüpfung an positive Ansätze beispielsweise des BLK-Programms).

- Weiterbildung in Sachen Umweltengagement und Fundraising sollte auch für staatliche und kommunale Akteure angeboten werden, um sie für Möglichkeiten und Erfordernisse zur Förderung des Bürgerengagements (Partizipation an politischen Entscheidungsprozessen) zu qualifizieren und mit passenden Methoden vertraut zu machen.

- Die Aneignung von Engagementkompetenzen wäre als Grundbestandteil einer Bildung für eine ökologische Lebensweise und für Nachhaltige Entwicklung anzusehen und zu unterstützen.

Engagement von Unternehmen: Das finanzielle und personelle Engagement von Unternehmen bezieht sich bislang meist auf den sozialen Bereich, während dezidierte Umweltthemen selten verfolgt werden. Aufgrund der Relevanz unternehmerischer Ressourcen (Geld, Personal, Einfluss etc.) sollte hier dringend mehr geschehen.

Konkrete Empfehlungen und Anregungen:

- Ehrenamtliches Engagement sollte von Unternehmen stärker als bisher positiv anerkannt werden (z.B. in Einstellungsverfahren) und gezielt in die Personalentwicklung von Wirtschaftsunternehmen integriert werden.

- Der Aufbau von Finanz- und Volunteering-Partnerschaften mit Unternehmen dürfte mit Sicherheit ein wichtiger zukünftiger Handlungsbereich von NGOs und Verbänden sein.

- Im Kontext der zunehmenden Erstellung von Nachhaltigkeitsberichten in Unternehmen gibt es Ansätze für eine Mitarbeit von Umweltorganisationen in Normungsgremien (z.B. Unterausschuss „Soziale Gerechtigkeit im DIN-Institut). Dies sollte verstärkt werden.

Mobilisierung und Förderung von finanziellem Engagement: Sehr häufig fehlen den Umwelt- und Naturschutzverbänden die Finanzmittel, um das erforderliche Fundraising aufzubauen und gewissermaßen „vorzufinanzieren". Daher wäre von öffentlicher Seite zu sondieren, mit welchen Impulsen eine Art von Anschubfinanzierung in diesem Sinne erfolgreich sein könnte.

- Der Verwaltungsaufwand insbesondere bei Steuerfragen (z.B. bei der Ausstellung von Spendenbescheinigungen, bei Abrechnungen, bei Fragen der Gemeinnützigkeit und bei Versicherungsfragen) wächst stark, schreckt fähige Ehrenamtliche ab und nimmt eine große Menge wertvoller, geldwerter Personal- und Sach-Ressourcen in Anspruch. Deshalb sollten die entsprechenden Regelungen für Vereine soweit wie möglich vereinfacht werden.[71]

- Eine wesentliche Ressource für die Umsetzung von Projekten sind neben finanziellen Mitteln auch Sachleistungen z.B. in Form von Arbeitsleistungen. Um zusätzliche Anreize für bürgerschaftliches Engagement zu geben, sollten bei der öffentlichen Mittelvergabe generell auch Sachleistungen als Eigenmittel anerkannt werden.
Aufwandsentschädigungen für Arbeits- und Sachleistungen sollten im Umwelt- und Naturschutz – womöglich in Anlehnung an die Regelungen bei der Sportförderung – stärker steuerrechtlich entlastet werden.

- Ein gezielter Fördermitteleinsatz könnte helfen, den Umweltbereich im Fundraising erfolgreicher zu machen. Unter anderem sollte geprüft werden, ob bei der Projektförderung auch Mittel für die Inanspruchnahme von Fundraisingberatungen finanziert werden können.

---

[71] Der teilweise hohe Aufwand zur Recherche geeigneter Fördermittel für den Bereich Umwelt- und Naturschutz sollte verringert werden, z.B. dadurch, dass Bund und Länder bspw. im Internet eine klare und übersichtliche Darstellung aller Natur- und Umweltschutz-relevanten Förderprogramme leicht nachvollzieh- und nutzbar bereit hielten.

- Zusätzliche Anreize für Fundraisingaktivitäten könnten erfolgen, indem die Vergabe von Mitteln an konkrete Eigenaktivitäten in Richtung Mitteleinwerbung geknüpft werden. Auch die Einwerbung von EU- und internationalen Mitteln sollte beispielsweise in der Form von Kofinanzierungsmöglichkeiten oder „Matching Funds" flankiert werden.[72]

Die teilweise erfolgreichen Beispiele aus einzelnen Bundesländern zur Finanzierung von Umwelt- und Naturschutz durch Lotterieeinnahmen sollten Anlass für eine Prüfung zwecks Ausdehnung und Erweiterung dieses Instrumentes sein.

---

[72] Im Bereich der Entwicklungszusammenarbeit existieren seit etwa 20 Jahren entsprechende Möglichkeiten (im BMZ die Budgetlinie „Kofinanzierung"); bei dem Instrument „Matching Funds" handelt es sich darum, dass eine öffentliche Institution oder ein privater Akteur zusätzliche Finanzmittel beisteuert, wenn eine Organisation ein bestimmtes Mittelvolumen durch Spenden oder anderweitige Quellen mobilisieren konnte.

9. Perspektiven

Ein wesentliches Resultat des IZT-Forschungsvorhabens besteht darin, dass die Organisationen im Umwelt- und Naturschutzbereich aufgrund der veränderten Rahmenbedingungen und Handlungsvoraussetzungen künftig stärker klären sollten, ob ihre jeweiligen Strukturen, Arbeitsbedingungen und Verantwortlichkeiten hinreichend offen und flexibel sind, um möglichst erfolgreich und professionell (re)agieren zu können. Hierbei kann an den wichtigen eigenen Erfahrungen angeknüpft, aber auch zusätzliches Know-how geschaffen werden, wie z.B. durch die Erprobung neuer Ansätze, Nutzung innovativer Methoden oder durch Lernen von nationalen und internationalen Erfolgsbeispielen. All dies dient der Erhöhung der Selbstreflexivität der Organisationen und damit der Verbesserung des strategischen, taktischen und – angesichts der begrenzten Ressourcen – effektiven Agierens.

Besonders interessant für Umwelt- und Naturschutzverbände dürfte dabei sein, dass sowohl eine Weiterentwicklung und Optimierung in Sachen Förderung des ehrenamtlichen Engagements, als auch in Sachen Fundraising im engeren Sinne ähnliche organisatorische Verbesserungen und Innovationen erforderlich macht, die daher am besten parallel bzw. aufeinander abgestimmt erfolgen sollten.

Nicht zuletzt können auf der Basis verbesserter und fundierter Kenntnisse über die Handlungsbedingungen und -möglichkeiten des eigenen Verbands bzw. des eigenen Vereins auch gezielte und plausible Impulse, Forderungen oder Kooperationsangebote an andere gesellschaftliche Bereiche, insbesondere an staatliche Akteure auf den verschiedenen Ebenen und in verschiedenen Bereichen gerichtet werden (und vice versa).

Für staatliche und andere gesellschaftliche Institutionen gilt es, diese Herausforderungen und Möglichkeiten der Verbände angemessen und kontinuierlich zu unterstützen und zu flankieren. Das umfasst verschiedene Maßnahmen zur Erleichterung und Unterstützung ehrenamtlichen Engagements, eine Kultivierung der Wertschätzung/ Anerkennung von bürgerschaftlichem Engagement, und eine Verbesserung der Fundraisingmöglichkeiten, wie es z.B. bereits von der Enquetekommission des Deutschen Bundestages empfohlen wurde (Enquete-Kommission 2002). Eine besondere Verantwortung kommt auch der Wirtschaft und den Medien zu.

Auch in der Wissenschaft zeichnet sich ein interessanter Wandel ab. Nach Auffassung von immer mehr Beteiligten bedarf aufgrund der akuten nicht-nachhaltigen Problemlagen auch das Verhältnis und die Kooperation zwischen BürgerInnen und ExpertInnen einer Neujustierung. Eine solche Zielstellung hat entscheidende Folgen für Wissenschaftler, für deren Ausbildung bzw. Studium, und für die Forschungsprozesse allgemein.[73]

Die gesellschaftlichen Veränderungen erzeugen kontinuierlich neue Handlungsbedingungen und Möglichkeitsstrukturen, sie erhöhen und reduzieren gleichzeitig die Wahrscheinlichkeit bestimmter Verhaltensweisen.[74] Für die besonders aktiven Institutionen und Organisationen im Bereich der Umwelt- und Naturschutzpolitik besteht in diesem Kontext eine Herausforderung darin, der Zwiespältigkeit der Konjunktur hinsichtlich ehrenamtlichen Engagements Beachtung zu schenken. Denn in manchen Zusammenhängen geht es primär um einen Rückzug bzw. um einen von einflussreichen Machtgruppen betriebene Zurückdrängung staatlicher Institutionen (und Handlungslogiken) aus bestimmten Aufgabenbereichen. Dies ist besonders problematisch in Bereichen der Daseinsvorsorge und der Gemeinschaftsgüter („common goods"). So werden einige dieser Trends zur Bürgergesellschaft als „Folge der Umverteilung nach oben" angesehen und kritisch angemerkt: „Wo früher noch ausgebildetes Personal eingesetzt wurde, fehlt heute das Geld."[75]

Alle im Umwelt- und Naturschutz aktiven Bürgerinnen und Bürger wissen, dass das ehrenamtliche Engagement und die hauptamtliche Arbeit im Bereich Ökologisierung und Nachhaltigkeit sehr kompliziert, voraussetzungsvoll und schwierig sind. Denn die derzeit noch wachsende Durchdringung der Gesellschaft mit der neoliberalen Logik und den damit verbundenen modischen Stimmungen, Zwängen, Selektionen und Gefahren verändert auch die Handlungsbedingungen für ökologisch Engagierte, wie in Anlehnung an Rifkin angenommen werden kann: "Heute, da die Marketingperspektive die Oberhand gewinnt und die Gestaltung von Beziehungen zu Konsumenten das zentrale Geschäft der Unternehmen wird, hat die Kontrolle über die Kunden dieselbe Bedeutung und Dringlichkeit wie die Kontrolle über die Arbeiter zu der Zeit, als die Produktionsperspektive vorherrschte." (Rifkin 2000:139) Kritik, Gegenmacht oder auch ökologische Gestaltungsansprüche haben es dann voraussichtlich zunehmend schwerer, denn "gegenkulturelle Trends sind für Marketingleute zu besonders attraktiven Objekten der Ausbeutung geworden." (Rifkin 2000:233)

---

[73] Wissenschaftler erhalten durch diese Orientierung eine „role of the policy analysts as facilitators of deliberative practices" und ein nach diesen Maßgaben tätiger Wissenschaftler fungiert "as facilitator of public learning and political empowerment" (Fischer 2003: 221 bzw. 236).

[74] Hierzu gehört zum Beispiel die neue veränderte Möglichkeit zu Umweltklagen, d.h. der Bürgerbeteiligung im Umweltschutz, mit der die Vorgaben der „Aarhus-Konvention" und der sog. „europäischen Öffentlichkeitsrichtlinie" in deutsche Regelungen umgesetzt werden sollen. Per Kabinettsbeschluss vom 12.07.2006 wurde eine – von Verbänden als unzureichend angesehene – Entwurfsvorlage verabschiedet.

[75] Hagen Willich (2006): „Billig und willig"; in: Telepolis: www.telepolis.de/r4/artikel/23/23092/1.html

Allerdings können Erfahrungen aus dem Wirtschaftssektor auch geschickt genutzt werden für das Fundraising und die Engagementförderung in Umwelt- und Naturschutzverbänden. So ist aus jüngeren kritischen Studien zum Stand der „Umweltkommunikation" bekannt, dass für eine erfolgreiche Kommunikation von ökologischen bzw. umweltbezogenen Themen die Berücksichtigung aller vier Determinanten des Informationsverhaltens erforderlich ist: auch bei der Umweltkommunikation müssen sowohl die Rezipienten, als auch die Informationsquellen, die Rahmenbedingungen und die Informationsgestaltung beachtet und soweit möglich beeinflusst und optimiert werden (siehe Kuckartz/Schack 2002:139ff. und Michelsen/ Godemann 2005).

Die Methode „Fokusgruppen" bietet hierfür eine gute Möglichkeit, denn damit werden Umwelt- und Naturschutzverbände in die Lage versetzt, alltagsnahe Zusammenhänge ihrer Außendarstellung bzw. ihrer Außenwahrnehmung zu erhalten.[76] Und diese wiederum bieten eine gute Basis für die Konzeption einer fundierten Gesamtstrategie, oder die Gestaltung einer dem jeweiligen neuen Projekt angemessenen Motivierungs- und Mobilisierungsarbeit für die unterschiedlichen finanziellen oder personellen Engagementressourcen in der Gesellschaft. Auch bei Anwendung der Methode Fokusgruppen gilt wie bei anderen Instrumenten, dass ihre eigentliche Durchführung nur einen Aspekt für eine erfolgreichere Praxis darstellt. Ein wesentlicher weiterer Aspekt einer zukunfts- und erfolgsorientierten Strategie ist der Einbau der Methode in den Arbeitsprozess der Organisation. Denn genauso wesentlich wie die Anwendung der konkreten Methode selbst ist die Frage, ob und wie eine Nutzung der Ergebnisse erfolgt und wie diese in die alltägliche Verbandsarbeit integriert werden.

Die Erkenntnisse und ausgewerteten Erfahrungen in diesem Forschungsvorhaben haben zeigen können, dass es konkrete und erprobte Möglichkeiten und Methoden gibt, sich hier und heute den immensen Herausforderungen im Bereich der Umwelt- und Naturschutzengagements zu stellen und die in der Gesellschaft vorhandenen vielfältigen Ressourcen durch geschickte Maßnahmen aufzuspüren und nutzbar zu machen.

---

[76] Siehe den Leitfaden zur Durchführung von Fokusgruppen (Göll et al. 2005b)

Literatur

Agenda-Transfer. Agentur für Nachhaltigkeit (Hrsg.) (2003): Die Kunst der Zukunftsfähigkeit. Bonn

Aktive Bürgerschaft e.V. (2004): Newsletter Ausgabe 32, 30.Juli 2004; http://www.aktive-buergerschaft.de/vab/old_polls.php

Andrews, Claudia (2005): Fundraising – ein neues kirchliches Arbeitsfeld: Eine vergleichende Studie zur Positionierung von Fundraising in den Gliedkirchen der EKD (Evangelischer Pressedienst, epd-Dokumentation Nr. 49; Frankfurt a.M.)

Anheier, Helmut/ Toepler, Stefan (2001): Bürgerschaftliches Engagement zur Stärkung der Zivilgesellschaft im internationalen Vergleich. Gutachten für die Enquete-Kommission „Zukunft des Bürgerschaftlichen Engagements". London/Baltimore

Ash, Timothy Garton (1992): Ein Jahrhundert wird abgewählt. Aus den Zentren Mitteleuropas 1980-1990. München: dtv

Backhaus-Maul, Holger (2004): Corporate Citizenship im deutschen Sozialstaat; In: Aus Politik und Zeitgeschichte; B14/ 2004; S. 23-30

Backhaus-Maul, Holger (2002): Engagementförderung durch Unternehmen - transatlantische Perspektiven: In: Stiftung und Sponsoring. Das Magazin für Non-Profit-Management und –Marketing; Heft 3/ 2002; S. 30-33

Bayrisches Staatsministerium für Umwelt, Gesundheit und Verbraucherschutz (2005): „Checkpoint II – Marketing für die Umweltbildung in Bayern", Forum 12. April 2005 (www.stmugv.bayern.de)

Behrendt, Siegfried (2000): Car-Sharing - Nachhaltige Mobilität durch eigentumslose PKW-Nutzung? (IZT-WerkstattBericht Nr. 43). Berlin

Behrendt, Siegfried/ Pfitzner, Ralf (2000): Nachhaltig Waschen - Umweltentlastung durch gemeinschaftliche Nutzungsformen? Fallstudie im Rahmen des Projektes "Eco-Services for Sustainable Development in the European Union" (IZT-WerkstattBericht Nr. 42). Berlin

Behrendt, Siegfried/ Behr, Frank (2000): Öko-Rent im Bereich Heimwerken, Baueigenleistungen und Gartenpflege (IZT-WerkstattBericht Nr. 41). Berlin

Berking, Helmuth u. Martina Löw (Hg.) (2005): Die Wirklichkeit der Städte (Soziale Welt, Sonderband 16) Baden-Baden: Nomos Verlag

Beschorner, Thomas et al.: Institutionalisierung von Nachhaltigkeit. Eine vergleichende Untersuchung der organisationalen Bedürfnisfelder Bauen & Wohnen, Mobilität und Information & Kommunikation, Metropolis Verlag, Marburg 2005

Birzle-Harder, Barbara; Götz, Konrad (2001): Grüner Strom – eine sozialwissenschaftliche Marktanalyse. Köln (ISO Studientext Nr. 9)

Bodenstein, Gerhard / Elbers, Helmut / Spiller, Achim / Zühlsdorf, Anke (1998): Umweltschützer als Zielgruppe des ökologischen Innovationsmarketing - Ergebnisse einer Befragung von BUND- Mitgliedern. Diskussionsbeiträge des Fachbereichs Wirtschaftswissenschaft der Gerhard-Mercator-Universität - Gesamthochschule - Duisburg Nr. 246. Duisburg

Bourdieu, Pierre (1992): Die verborgenen Mechanismen der Macht. Schriften zu Politik und Kultur. Hamburg VSA Verlag

Brand, Karl-Werner (Hrsg.) (2002): Politik der Nachhaltigkeit. Voraussetzungen, Probleme, Chancen – eine kritische Diskussion (Berlin)

Brand, Karl-Werner / Eder, Klaus / Poferl, Angelika (1997): Ökologische Kommunikation in Deutschland; Opladen: Westdeutscher Verlag

Braun, Marie-Luise (2001): Kommunikation über Nachhaltigkeit. Nachhaltige Kommunikation? In: pö-forum "Nachhaltig kommunizieren." Dokumentation des Workshops "Umweltkommunikation in Fachzeitschriften und Internet", Sonderveröffentlichung der Politischen Ökologie 71, herausgegeben vom Umweltbundesamt

Brinck, Christine (Hrsg.) (2001): Adopt an Idea! Gute Ideen aus den USA; Edition Körber-Stiftung; Hamburg

BUND und UnternehmensGrün (Hrsg.) (2002): Zukunftsfähige Unternehmen. Weg zur nachhaltigen Wirtschaftsweise von Unternehmen (München: ökom Verlag)

Bundesministerium für Familie, Senioren, Frauen und Jugend (Hrsg.) (2000a): Freiwilliges Engagement in Deutschland – Freiwilligensurvey 1999. Ergebnisse der Repräsentativerhebung zu Ehrenamt, Freiwilligenarbeit und bürgerschaftlichem Engagement. Band 2: Zugangswege; Stuttgart

Bundesministerium für Familie, Senioren, Frauen und Jugend (Hrsg.) (2000b): Freiwilliges Engagement in Deutschland – Freiwilligensurvey 1999. Ergebnisse der Repräsentativerhebung zu Ehrenamt, Freiwilligenarbeit und bürgerschaftlichem Engagement. Band 3: Frauen und Männer, Jugend, Senioren, Sport; Stuttgart

Bundesministerium für Familie, Senioren, Frauen und Jugend (Hrsg.) (2001): Freiwilliges Engagement in Deutschland – Freiwilligensurvey 1999. Ergebnisse der Repräsentativerhebung zu Ehrenamt, Freiwilligenarbeit und bürgerschaftlichem Engagement. Band 1: Gesamtbericht; Stuttgart

Bundesministerium für Familie, Senioren, Frauen und Jugend (Hrsg.) (2006): Freiwilliges Engagement in Deutschland 1999 – 2004. Ergebnisse der repräsentativen Trenderhebung zu Ehrenamt, Freiwilligenarbeit und bürgerschaftlichem Engagement, Wiesbaden: VS Verlag für Sozialwissenschaften

Bundesministerium für Familie, Senioren, Frauen und Jugend (Hrsg.) (2006): Führungskräfte in gemeinnützigen Organisationen - Bürgerschaftliches Engagement und Management (Autorinnen und Autoren: Beher, K./ Krimmer/ Rauschenbach, Thomas / Zimmer, Annette); Zugriff auf pdf-Datei: http://www.bmfsfj.de/RedaktionBMFSFJ/Abteilung2/Pdf-Anlagen/ f_C3_BChrungskr_C3_A4fte-gemeinn_C3_BCtzige-organisationen,property=pdf,bereich=,rwb=true.pdf

Bundesministerium für Umwelt, Naturschutz, und Reaktorsicherheit (Hrsg.) (2005): Umweltengagement im Aufbruch. Mit Erfahrung und neuen Impulsen in die Zukunft (Dokumentation der Bilanztagung vom 4. März 2005). Berlin

Bundesministerium für Umwelt, Naturschutz und Reaktorsicherheit und Bundesamt für Naturschutz (Hrsg.) (2004): Finanzierungshandbuch für Naturschutzmaßnahmen, Berlin

Bundesministerium für Umwelt, Naturschutz und Reaktorsicherheit/ Umweltbundesamt (Hrsg.) (2004): Umweltbewusstsein in Deutschland 2004. Ergebnisse einer repräsentativen Bevölkerungsumfrage; Berlin

Bundesministerium für Umwelt, Naturschutz und Reaktorsicherheit/ Umweltbundesamt (Hrsg.) (2002): Umweltbewusstsein in Deutschland 2002. Ergebnisse einer repräsentativen Bevölkerungsumfrage, Berlin

Bundesministerium für Umwelt, Naturschutz und Reaktorsicherheit/ Umweltbundesamt (Hrsg.) (2000): Umweltbewusstsein in Deutschland 2000. Ergebnisse einer repräsentativen Bevölkerungsumfrage; Berlin

Bürki, Rolf (2000): Kapitel 6: Fokusgruppen; in: Bürki, Rolf; Klimaänderung und Anpassungs-prozesse im Wintertourismus; St. Gallen 2000

Cialdini, Robert B. (2001): Influence. Science and Practice. Boston et al.: Allyn and Bacon

Dettling, Daniel et al. (Hrsg.) (2004): Lust auf Zukunft - Kommunikation für eine nachhaltige Globalisierung. Hamburg: Verlag Books on Demand Norderstedt

Deutsche Umwelthilfe (2004): Zwischenbericht zum Projekt „Fundraising-Fachberatung bei Umweltverbänden" vom 13. Mai 2004

Deutscher Naturschutzring; Qualitative und quantitative Untersuchung zum Übergang von jungen Erwachsenen aus Jugendumweltverbänden in die Erwachsenenverbände am Beispiel von BUNDjugend – BUND und Naturschutzjugend – Nabu; Bonn 2004

Deutsches Zentrum für Altersfragen (Hrsg.) (2006): Gesellschaftliches und familiäres Engagement älterer Menschen als Potenzial. Berlin

Draschba, Sylke (2003): Möglichkeiten zur Erhöhung des Dynamikpotenzials in Nachhaltigkeitsinitiativen (UBA / UNESCO-Verbindungsstelle, Berlin)

Diekmann, Andreas/ Peter Preisendörfer, (1992): Persönliches Umweltverhalten. Diskrepanzen zwischen Anspruch und Wirklichkeit, in: Kölner Zeitschrift für Soziologie und Sozialpsychologie 44: 226-251.

Economist, The (2006): The business of giving – Survey: wealth and philanthropy. 23. Februar 2006

Empacher, Claudia/ Götz, Konrad.; Schultz, Irmgard (2000): Demonstrationsvorhaben zur Fundierung und Evaluierung nachhaltiger Konsummuster und Verhaltensstile; Frankfurt am Main

Enquete-Kommission „Zukunft des bürgerschaftlichen Engagements" Deutscher Bundestag (Hrsg.) (2002): Bericht. Bürgerschaftliches Engagement: auf dem Weg in eine zukunftsfähige Bürgergesellschaft; Opladen

Eyerman, Ron / Jamison, Andrew (1991): Social Movements. A Cognitive Approach. University Park/PA: Pennsylvania State University Press

Fischer, Corinna (2002): Das gehört jetzt irgendwie zu mir. Mobilisierung von Jugendlichen aus den neuen Bundesländern zum Engagement in einem Umweltverband; Dissertation, TU Chemnitz 2002

Fischer, Corinna/ Schophaus, Malte/ Trenel, Matthias/ Wallentin, Annette (2003): Die Kunst, sich nicht über den Runden Tisch ziehen zu lassen. Ein Leitfaden für BürgerInneninitiativen in Beteiligungsverfahren. Bonn: Stiftung Mitarbeit

Forstner, Thomas (2004): Egotaktische Revolution? Wege zur Förderung zivilgesellschaftlichen Bewusstseins in der jungen Generation; in: D. Dettling et al. (Hrsg.): Lust auf Zukunft. Kommunikation für eine nachhaltige Globalisierung; Hamburg

Frey, Bruno S. / Stutzer, Alois. Fundort Mai 2005: http://emagazine.credit-suisse.com/article/index2.cfm?fuseaction

Fuhrer, Urs / Wölfing, Sybille (1997): Von den sozialen Grundlagen des Umweltbewusstseins zum verantwortlichen Umwelthandeln. Bern: Hans Huber

Fundraising Akademie (Hrsg.) (2003): Fundraising. Handbuch für Grundlagen, Strategien und Instrumente; Wiesbaden

Gabriel, Oscar W. et al. (2002): Sozialkapital und Demokratie. Zivilgesellschaftliche Ressourcen im Vergleich. Wien: WUV-Universitätsverlag

Gaskin, Katherine / Davis Smith, Justine (1995): A New Civic Europe: The Extent and Nature of Volunteering in Europe (Institute for Volunteering Research)

Gaventa, John (2006): Triumph, Deficit or Contestation? Deepening the 'Deepening Democracy' Debate (Institute of Development Studies, Working Paper 264, Brighton/UK, July 2006)

Geißler, Katja/ Monninger, Gerhard (Hrsg.) (2006): Altes Eisen schmiedet Zukunft. Ehrenamtliches Engagement für Nachhaltigkeit in der nachberuflichen Lebensphase. München: oekom verlag

Gillwald, Katrin (1996): Umweltverträgliche Lebensstile - Chancen und Hindernisse; in: G. Altner et al. (Hg.): Jahrbuch Ökologie 1997. München: Beck Verlag

Global Footprint Network/ WWF/ IUCN (2005): Europe 2005. The Ecological Footprint (Oakland et al.; website http://www.footprintnetwork.org/).

Göll, Edgar/ Henseling, Christine/ Nolting, Katrin (2005a): Umweltengagement: Ansatzpunkte für die zivil-gesellschaftliche Mobilisierung, unveröffentlichter Abschlussbericht an das Umweltbundesamt; Berlin

Göll, Edgar/ Henseling, Christine/ Nolting, Katrin/ Gaßner, Robert (2005b): Die Fokusgruppen-Methode: Zielgruppen erkennen und Motive aufdecken. Ein Leitfaden für Umwelt- und Naturschutzorganisationen. Berlin (zu beziehen über die Homepage des Umweltbundesamtes: www.umweltbundesamt.de)

Göll, Edgar/ Henseling, Christine (2005c): Motivation in der Bevölkerung, sich für Umweltthemen zu engagieren. Bericht zum Projektverlauf. Berlin (zu beziehen über die Homepage des Umweltbundesamtes: www.umweltbundesamt.de)

Göll, Edgar / Nolting, Katrin / Rist, Claudia (2004): Projekte für ein zukunftsfähiges Berlin. Lokale Agenda 21 in der Praxis (ZukunftsStudien Band 29), Baden-Baden: Nomos-Verlag

Göll, Edgar / Thio, Sie Liong (2004): Nachhaltigkeitspolitik in EU-Staaten (ZukunftsStudien Band 30), Baden-Baden: Nomos-Verlag

Göll, Edgar (2003): Projektagentur Zukunftsfähiges Berlin – Mobilisierung von Ressourcen für die Lokale Agenda 21, in: T. Bühler/A. Valentin (Hrsg.): Stiftungen – Projektagenturen für Nachhaltigkeit (Wissenschaftsladen Bonn), S.171-176

Göll, Edgar (1994): Vom Aufschrei zum erleichterten Seufzen ? Handelspolitische Entscheidungsprozesse und Akteurstrategien im US-Kongreß während der zweiten Administration Reagans (1985 - 1988), Frankfurt/M. und New York/NY: Peter Lang Verlag

Goleman, Daniel (2001): Emotionale Intelligenz. München: dtv

Greenbaum, Thomas L. (2000): Moderating Focus Groups: A Practical Guide for Group Facilitation. Thousand Oaks, CA: Sage Publications

Gross, Peter (1994): Die Multioptionsgesellschaft. Frankfurt/Main: Suhrkamp

Grube, Volker/ Zoerner, Birgit (Hrsg.) (1995): Kampagnen, Dialoge, Profile. Öffentlichkeitsarbeit für Reformprojekte. Dortmund: spw-Verlag

Haack, Silke (2003): Die Bedeutung der veränderten gesellschaftlichen Rahmenbedingungen für die Arbeit von Umweltverbänden. Am Beispiel des Zivildienstes und des bürgerschaftlichen Engagements; Berlin (Studie im Auftrag des Umweltbundesamtes)

Hagenloch, Jörn (2006): Billig und willig. Ehrenamtliches Engagement wird hierzulande systematisch gefördert, denn kostenlose Arbeit ist unverzichtbar. In: Telepolis vom 18.07.2006; Zugriff: www.telepolis.de/r4/artikel/23/23092/1.html

Haibach, Marita (2000): Handbuch Fundraising – Spenden. Investitionen in die Zukunft der Gesellschaft. Gütersloh

Hagedorn, Friedrich/ Jungk, Sabine/ Lohmann, Mechthild/ Meyer, Heinz H. (Hrsg.) (2004): Anders arbeiten in Bildung und Kultur. Kooperation und Vernetzung als soziales Kapital; ZukunftsStudien Band 14, Weinheim

Hager, Frithjof / Schenkel, Werner (Hrsg.) (2003): Schrumpfungen. Wachsen durch Wandel. Ideen aus den Natur- und Kulturwissenschaften; München: ökom verlag

Häusler, Richard (2004): Erfundene Umwelt. Ein Konstruktivismus-Buch für Öko- und andere Pädagogen. München: ökom-Verlag

Hausknost, Daniel (2006): Zur Zukunft der Ökologiebewegung: Abmelden – Herunterfahren – Neustarten? In: politische ökologie (München) Heft 100, S. 70 - 74

Hehner, Torsten / Knell, Wolfgang (1997): Grüne Produkte - schwarze Zahlen. Markterfolg mit Ökologie; Little, Arthur D. (Hg): Reinbek bei Hamburg: Rowohlt Verlag

Henseling, Christine/ Hahn, Tobias/ Nolting, Katrin (2006): Die Fokusgruppen-Methode als Instrument in der Umwelt- und Nachhaltigkeitsforschung; IZT-Arbeitsbericht Nr. 82, Berlin

Henseling, Christine (2004): Grüne Volksbewegung. Über die Motivation in der Bevölkerung, sich für Umweltthemen zu engagieren, in: Wechselwirkung Nr. 126/ 127, S. 79-82

Heinze, Rolf G. / Keupp, Heiner (1997): Gesellschaftliche Bedeutung von Tätigkeiten außerhalb der Erwerbsarbeit. Gutachten für die „Kommission für Zukunftsfragen" der Freistaaten Bayern und Sachsen; Bochum/ München 1997

Hoppe, Angela (2003): Fokusgruppen als qualitative Marktforschungsmethode (Service Engineering in der Wohnungswirtschaft. Arbeitspapier Nr. 5); Hannover

Hosang, Maik/ Fraenzle, Stefan/ Markert, Bernd (2005): Die Emotionale Matrix. Grundlagen für gesellschaftlichen Wandel und nachhaltige Innovation; München: oekom verlag

Hunecke, Marcel (2002): Expertise: Beiträge der Umweltpsychologie zur sozial-ökologischen Forschung – Ergebnisse und Potenziale; in: Balzer/Wächter (Hg.): Sozial-ökologische Forschung. Ergebnisse der Sondierungsprojekte aus dem BMBF-Förderschwerpunkt. München, S.499 – 515

Institut für Zukunftsstudien und Technologiebewertung / Sekretariat für Zukunftsforschung / Internationale Bibliothek für Zukunftsfragen (1993): Die Triebkraft Hoffnung. Robert Jungk zu Ehren (ZukunftsStudien Band 7), Weinheim: Beltz-Verlag

Ipsen, Dirk / Schmidt, Jan C. (Hrsg.): Dynamiken der Nachhaltigkeit. Metropolis Verlag, Marburg 2004

Jasper, James M. (1997): The Art of Moral Protest. Culture, Biography, and Creativity in Social Movements. Chicago: The University of Chicago Press

Joas, Hans (1992): Die Kreativität des Handelns. Frankfurt am Main: Campus Verlag

Knoth, Andreas (2004): Eigenmittel erwirtschaften. Eine Navigationshilfe für gemeinnützige Träger. Bonn: Verlag Stiftung Mitarbeit

Kolleg für Management und Gestaltung Nachhaltiger Entwicklung gGmbH, Agenda-Agentur Berlin, Arbeitsgemeinschaft Lenz & Beyer: Finanzierungsmöglichkeiten von LA-21-Aktivitäten und -projekten in Berlin (Initiativprojekt für die Projektagentur Zukunftsfähiges Berlin beim IZT), Endbericht und Handbuch [www.izt.de/projektagentur] Berlin 2004

Körber-Stiftung (2001) (Hrsg): Adopt an Idea! Gute Ideen aus den USA. Amerikanische Ideen in Deutschland I (Bearbeiterin: Brink, Christine)

Körber-Stiftung (2001) (Hrsg.): Wenn alle gewinnen. Bürgerschaftliches Engagement von Unternehmen. Amerikanische Ideen in Deutschland II (Bearbeiter: Schöffmann, Dieter)

Kreibich, Rolf/ Trapp, Christian: Bürgergesellschaft. Floskel oder Programm. ZukunftsStudien Band 28, Baden-Baden 2002

Kreibich, Rolf/ Sohr, Sven: Visiotopia. Bürger entwerfen die Zukunft der Gesellschaft. ZukunftsStudien Band 27, Baden-Baden 2002

Kreibich, Rolf (Hrsg.): Nachhaltige Entwicklung. Leitbild für die Zukunft von Wirtschaft und Gesellschaft. ZukunftsStudien Band 17, Weinheim 1996

Krippendorff, Ekkehart (1999): „Die Kunst nicht regiert zu werden. Ethische Politik von Sokrates bis Mozart". Frankfurt/M.: Suhrkamp Verlag

Krueger, Richard A. / Casey, Mary Anne (2000): Focus Groups. A Practical Guide for Applied Research. Thousand Oaks/Cal.

Kuckartz, Udo (1998): Umweltbewusstsein und Umweltverhalten. Heidelberg

Kuckartz, Udo / Schack, Korinna (2002): Umweltkommunikation gestalten. Eine Studie zu Akteuren, Rahmenbedingungen und Einflussfaktoren des Informationsgeschehens. Opladen: Leske + Budrich

LAND - Lokale Agenda 21 Netzwerk Deutschland (2002): Deutsche Städte auf dem Weg zur Nachhaltigkeit - Erkenntnisse und Empfehlungen (www.agenda21-netzwerk.de)

Layard, Richard (2005): Die glückliche Gesellschaft. Kurswechsel für Politik und Wirtschaft. Frankfurt/M.: Campus Verlag

Filho, Walter Leal (2005): Sustainability Development Communication: International Approaches and Practice; in: Filho, Walter Leal (Ed.): Handbook of Sustainability Research. Frankfurt/M.: Peter Lang Verlag; S.727-738

Lipietz, Alain (2000): Die große Transformation des 21. Jahrhunderts. Ein Entwurf der politischen Ökologie. Münster: Verlag Westfälisches Dampfboot

Luhmann, Hans-Jochen / Henseling, Karl-Otto (2004): Gefahren(früh-)erkennung. Auf dem Weg zu einer Lehre der Gefahrenerkenntnis. In: D. Ipsen / J. C. Schmidt (Hg.): Dynamiken der Nachhaltigkeit. Marburg: Metropolis, S.245-271

Luhmann, Niklas (1986): Ökologische Kommunikation. Kann die moderne Gesellschaft sich auf ökologische Gefährdungen einstellen? Opladen: Westdeutscher Verlag

Markard, J. (2001): Fokusgruppen-Erhebung zur Kennzeichnung von Elektrizität. Informationsbedürfnisse von Konsumentinnen und Konsumenten; Bern (Bundesamt für Energie Schweiz)

Melucci, Alberto (1996a): Challenging Codes. Collective action in the information age. Cambridge: Cambridge University Press

Melucci, Alberto (1996b): The playing self. Person and meaning in the planetary society. Cambridge: Cambridge University Press

Michelsen, Gerd/ Godemann, Jasmin (Hrsg.) (2005): Handbuch Nachhaltigkeitskommunikation. Grundlagen und Praxis, München: ökom-Verlag

Michelsen, Gerd (Hrsg.) (2000): Sustainable University. Frankfurt/M.: VAS

Michelsen, Gerd (2000): Umweltkommunikation – ein Beitrag zu den Umweltwissenschaften, in: Edmund Brandt (Hg.): Perspektiven der Umweltwissenschaften, Baden – Baden, S. 59 – 79

Mitlacher, Günter; Schulte, Ralf (2005): Steigerung des ehrenamtlichen Engagements in Naturschutzverbänden, Bonn (Hrsg. Bundesamt für Naturschutz (BfN)

Moegling, Klaus/ Peter, Horst (2001): Nachhaltiges Lernen in der politischen Bildung. Lernen für eine Gesellschaft der Zukunft; Opladen

Morgan, David L. (1997): Focus Groups as Qualitative Research. Qualitative research Methods Series No. 16; Thousand Oaks

Naisbitt, John (1984): Megatrends. Ten New Directions Transforming Our Lives. New York: Warner Books

OECD (2002): Governance for Sustainable Development. Five OECD Case Studies; Paris

Ökom Verlag (Hrsg.) (2003-2004): „Aktiv.um. Impulse für engagierte Umwelt- und Naturschutzarbeit" (Ausgaben 1 - 10), München [www.aktivum-online.de]

Ökom Verlag (2004): Zwischenbericht zum Projekt „Aktiv.um. Impulse für engagierte Umwelt- und Naturschutzarbeit", München, 28. April 2004

Preisendörfer, Peter (2000): Umwelteinstellungen und Umweltverhalten in Deutschland. Opladen

Preuss, Sigrun (1991): Umweltkatastrophe Mensch. Über unsere Grenzen und Möglichkeiten, ökologisch bewusst zu handeln. Heidelberg

Priller, Eckard / Sommerfeld, Jana (2005): Wer spendet in Deutschland? Der Einfluss von Erwerbsstatus und Werten. In: WZB-Mitteilungen, Heft 108, Juni 2005, S.36-39

Prose, Friedemann / Wortmann, Klaus (1997): Energiesparen: Verbraucheranalyse und Marktsegmentierung der Kieler Haushalte. Kiel

Putnam, Robert D. (2000): Bowling Alone. The Collapse and Revival of American Community. New York

Radkau, Joachim (2000): Natur und Macht. Eine Weltgeschichte der Umwelt. München: Beck Verlag

Radloff, Jacob et al. (Hrsg.) (2001): Fundraising. Das Finanzierungshandbuch für Umweltinitiativen und Agenda 21-Projekte. München

Rifkin, Jeremy (2000): Access. Das Verschwinden des Eigentums. Frankfurt/M.: Campus Verlag

Rohrbeck, Felix (2005): Die Ökonomie des Glücks. In: tageszeitung, 16.03.2005, S.13

Rosenberg, Marshall B. (2004): Gewaltfreie Kommunikation. Eine Sprache des Lebens. Paderborn: Junfermann Verlag

Rucht, Dieter/ Roose, Jochen (2001): Zur Institutionalisierung von Bewegungen. Umweltverbände und Umweltproteste in der Bundesrepublik. In: Weßels, Bernhard/ Zimmer, Annette (Hg.): Verbände und Demokratie in Deutschland. Opladen: Leske+Budrich. S. 261-290

Rucht, Dieter/ Roose, Jochen (2001): Von der Platzbesetzung zum Verhandlungstisch? Zum Wandel von Aktionen und Struktur der Ökologiebewegung. In: Rucht, Dieter (Hg.): Protest in der Bundesrepublik. Strukturen und Entwicklungen. Frankfurt/Main: Campus. S.173-210

Ruder, Tim (2004): Die Rolle der öffentlichen Hand bei der Förderung bürgerschaftlichen Engagements. In: Würz, Stephan (Hrsg.): Freiwilligenarbeit in den USA. Dokumentation der Fachexkursion im Mai 2004 (LandesEhrenamtsagentur Hessen) Frankfurt/M., S.79-84

Sander, Gert (2004): Qualitative und quantitative Untersuchung zum Übergang von jungen Erwachsenen aus Jugendumweltverbänden in die Erwachsenenverbände am Beispiel von BUNDjugend – BUND und Naturschutzjugend – NABU; Bonn

Schack, Korinna (2004): Umweltkommunikation als Theorielandschaft. Eine qualitative Studie über Grundorientierungen, Differenzen und Theoriebezüge der Umweltkommunikation. München: ökom-Verlag

Schäfer, Martina/ Schön, Susanne (2000): Nachhaltigkeit als Projekt der Moderne. Skizzen und Widersprüche eines zukunftsfähigen Gesellschaftsmodells, Berlin: Edition Sigma

Scherhorn, Gerhard (2001); Wie erleichtert man den Menschen die Umorientierung? In: Umweltbundesamt; Aktiv für die Zukunft – Wege zum nachhaltigen Konsum; Texte 37/01 (Berlin)

Schöffmann, Dieter (Hrsg.) (2001): Wenn alle gewinnen. Bürgerschaftliches Engagement von Unternehmen. Transatlantischer Ideenwettbewerb USable. Amerikanische Ideen in Deutschland II. Hamburg: Edition Körber-Stiftung

Schulze, Gerhard (1997): Die Erlebnisgesellschaft - Kultursoziologie der Gegenwart. Frankfurt/M., New York: Campus Verlag

Sohr, Sven: Ökologisches Gewissen. Die Zukunft der Erde aus der Perspektive von Kindern, Jugendlichen und anderen Experten ZukunftsStudien Band 24, Baden-Baden 2000

Sozialwissenschaftliches Institut für Gegenwartsfragen Mannheim (SIGMA): Lebenswelt und Bürgerschaftliches Engagement. Soziale Milieus in der Bürgergesellschaft; Stuttgart 2000

Spiller, Achim (1999): Umweltbezogenes Wissen der Verbraucher: Ergebnisse einer empirischen Studie und Schlussfolgerungen für das Marketing. Diskussionsbeiträge des Fachbereichs Wirtschaftswissenschaften der Gerhard-Mercator-Universität Nr. 264; Duisburg

Stiftung für die Rechte zukünftiger Generationen (Hrsg.) (2003): Handbuch Generationengerechtigkeit. München: ökom Verlag

Ueltzhöffer, Jörg/ Ascheberg, Carsten (1995): Engagement in der Bürgergesellschaft – Die Geislingen-Studie, Stuttgart (Ministerium für Arbeit, Gesundheit und Sozialordnung Baden-Württemberg)

Ueltzhöffer, Jörg/ Ascheberg, Carsten (1997): Bürgerschaftliches Engagement in Baden-Württemberg: Landesstudie 1997; Stuttgart (Ministerium für Arbeit, Gesundheit und Sozialordnung Baden-Württemberg)

Umweltpsychologie (Hrsg.) (1998): Umweltbewusstsein oder Situation – Was ist entscheidend für umweltgerechtes Verhalten? Schwerpunktheft Umweltpsychologie, Jg. 2, Heft 1, 1998

Urselmann, Michael (1999): Fundraising – Erfolgreiche Strategien führender Nonprofit-Organisationen. Bern: Haupt Verlag

Villiger, Alex/ Wüstenhagen, Rolf/ Meyer, Arndt (2000): Jenseits der Öko-Nische. Basel/ Boston/ Berlin

Wehrspaun, Charlotte / Wehrspaun, Michael (2003): Eine neue Zukunft für den Fortschritt? in: Aus Politik und Zeitgeschichte, Heft B 27/2003, Juli 2003, S.3-5

Würz, Stephan (Hrsg.) (2004): Freiwilligenarbeit in den USA. Dokumentation der Fachexkursion im Mai 2004 (LandesEhrenamtsagentur Hessen) Frankfurt/M.

Zimmer, Annette/ Priller, Eckhard (1999): Gemeinnützige Organisationen im gesellschaftlichen Wandel. Ergebnisse einer Organisationsbefragung. Erste Projektergebnisse; Münster

Links im Internet:

http://www.prognos.com/data/d//news/1117616451.pdf (Stand 29.8.05)

http://emagazine.credit-suisse.com/article/index2.cfm?fuseaction (Stand 20.7.2006)

http://www.aktive-buergerschaft.de/vab/old_polls.php (Stand 30.7.2004)

http://www.stmugv.bayern.de (Stand 20.7.2006)

http://www.sozialmarketing.de/zahlenallgemein.htm (Stand 14.12.2003)

http://www.onlinevolunteering.org/ (Stand 30.7.2006)

http://www.umweltdialog.de/umweltdialog/csr_management/2006-02-20_CSR_Studie_bescheinigt_Unternehmen_Nachholbedarf.php (Stand 27.9.2006)

http://www.b-b-e.de (Stand 20.7.2006)

http://www.ehrenamt-im-sport.de (Stand 20.7.2006)

http://www.iyv-2001.org (Stand 20.7.2006)

http://www.eawag.ch/publications/eawagnews/www_en50/en50d_pdf/en50d_jag.pdf (Stand 3.9.2006)

http://www.ecotopten.de (Stand 3.9.2006)

http://www.umweltbundesamt.de (Stand 3.9.2006)

http://www.ehrenamt-im-sport.de (Stand 3.9.2006)

http://www.footprintnetwork.org (Stand 20.7.2006)

http://www.telepolis.de/r4/artikel/23/23092/1.html (Stand 18.7.2006)

http://www.HandsOnNetwork.org (Stand 27.9.2006)

http://www.national.unitedway.org (Stand 27.9.2006)

http://www.millenniumassessment.org/en/index.aspx (Stand 3.9.2006)

http://www.work-life-society-happiness.net (Stand 20.7.2006)

http://www.gluecksarchiv.de (Stand 20.7.2006)

http://www.bitc.org.uk (Stand 21.7.2006)

http://www.national.com.au/ Community/0,,1699,00.html (Stand 10.11.2003)

http://www.iblf.org (Stand 3.9.2006)

http://www.csreurope.org (Stand 3.9.2006)

Anhang 1: Übersicht über die durchgeführten Fokusgruppen

Die folgende Tabelle gibt eine Übersicht über die acht im Projekt durchgeführten Fokusgruppen sowie die befragten Zielgruppen.

Fokusgruppe	Termin	Zielgruppe	Definition
Fokusgruppe 1	26.5. 2004	Passive Mitglieder	Mitglieder von Umwelt- und Naturschutzorganisationen, die einen regelmäßigen Mitgliedsbeitrag zahlen und/oder regelmäßig spenden, aber nicht ehrenamtlich im Umweltbereich tätig sind.
Fokusgruppe 2	3.6.2004	Passive Mitglieder	
Fokusgruppe 3	14.6.2004	Neue Ehrenamtliche	Personen, die punktuell und projektbezogen ehrenamtlich engagiert sind, oft zeitlich befristet und möglicherweise bei unterschiedlichen Organisationen und Projekten.
Fokusgruppe 4	16.6.2004	Neue Ehrenamtliche	
Fokusgruppe 5	27.9.2004	Potenziell Interessierte	Personen, die sich vorstellen können im Umweltbereich ehrenamtlich aktiv zu werden, bisher ein solches Engagement aber (noch) nicht ausüben.
Fokusgruppe 6	30.9.2004	Uninteressierte/ Uninformierte	Personen, die kein explizites Interesse am Thema Umwelt haben u. nicht im Umweltbereich ehrenamtlich engagiert sind.
Fokusgruppe 7	30.11.2004	Passive Mitglieder eines größeren Umweltverbands	Mitglieder des Verbands, die einen regelmäßigen Mitgliedsbeitrag zahlen und/oder regelmäßig spenden, aber nicht ehrenamtlich dort tätig sind.
Fokusgruppe 8	15.2.2005	Passive Mitlieder eines größeren Umweltverbands	

Anhang 2: Die neun Schritte einer Fokusgruppe

Im Folgenden wird das Vorgehen bei einem Fokusgruppenprojekt anhand von neun Durchführungsschritten beschrieben. Der Text entstand in Anlehnung an den Leitfaden „Die Fokusgruppen-Methode" (Göll et al. 2005b).

In der Durchführung kann die Methode unterschiedlich ausgestaltet sein und mit unterschiedlichem Aufwand betrieben werden. Da davon auszugehen ist, dass in der Praxis der Umweltverbände die Methode möglichst effizient eingesetzt werden soll, hat das IZT im vorliegenden Projekt einige methodische Anpassungen vorgenommen und Vorschläge entwickelt, wie Fokusgruppen mit möglichst Aufwand durchgeführt werden können.

Im Folgenden werden die einzelnen Schritte eines Fokusgruppenprojektes vorgestellt und erläutert.

Die Durchführung eines Fokusgruppen-Projektes erfolgt in insgesamt neun Arbeitsschritten:

1. Problemdefinition, Formulierung von Forschungsfragen
2. Bestimmung der Gruppe
3. Auswahl und Schulung bzw. Briefing von Moderatoren
4. Produktion von Leitfaden und Input
5. Überprüfung des Leitfadens
6. Gewinnung der Teilnehmer/ Teilnehmerinnen
7. Durchführung der Diskussion
8. Dokumentation und Auswertung
9. Zusammenführung der Ergebnisse und Schussfolgerungen

Schritt 1: Problemdefinition/ Formulierung von Forschungsfragen

Der erste Schritt bei der Planung eines Fokusgruppen-Projektes besteht darin, sich möglichst genau darüber bewusst zu werden, was man erreichen möchte. Dabei sind folgende Fragen zu klären (vgl. Bürki 2000):

- Welche Informationen werden benötigt und welche sind dabei besonders wichtig?
- Wer benötigt die Information?
- Warum werden diese Informationen benötigt?
- Bis wann werden die Informationen benötigt?

Anhand der Antworten zu diesen Fragen können die Projektziele sowie die Forschungsfragen festgelegt werden.

Schritt 2: Bestimmung der Gruppe

Die Bestimmung der Zielgruppe für ein Fokusgruppen-Projekt ist abzuleiten aus der Zielsetzung. Will man beispielsweise mit dem Projekt Hinweise für die Weiterentwicklung einer Kampagne für Jugendliche erheben, so bilden Jugendliche die Zielgruppe für die durchzuführenden Fokusgruppen. Es kann unter Umständen sinnvoll sein, die Zielgruppe noch weiter zu differenzieren und Untergruppen (Typen) zu bilden (bspw. Jugendliche, die Mitglied in einer Umweltorganisation sind, Jugendliche, die sich besonders für das Thema Energie interessieren etc.).

In der Regel werden Fokusgruppen mit relativ homogenen Gruppen durchgeführt. Das heißt, dass die Teilnehmer bezüglich bestimmter projektspezifischer Kriterien über einen ähnlichen Hintergrund verfügen (z.B. in Bezug auf die Position, die Mitgliedschaft in einem Verein, den Beruf oder das Alter). Dennoch sollten sich die Diskussionsteilnehmer in mindestens einem Merkmal unterschieden, um eine größere Bandbreite an Meinungen zu erhalten. Durch die homogene Besetzung wird es den Teilnehmern erleichtert miteinander ins Gespräch zu kommen, da sie gemeinsame Anknüpfungspunkte haben. Bei heterogenen Gruppen ist es zum Teil wesentlich schwieriger, eine gemeinsame Diskussionsebene bei den Beteiligten zu erreichen.

Man unterscheidet außerdem zwischen Gruppen mit Fremden (wenn die Gruppe zufällig zusammengesetzt ist und sich die Beteiligten nicht kennen) und sogenannten „Realgruppen" (z.B. eine Schulklassen, Arbeitskollegen etc.). In der Praxis werden die meisten Fokusgruppen mit Personen durchgeführt, die sich nicht vorher kennen. Der Vorteil besteht darin, dass es hier keine von vornherein festgefügte Rollenverteilung gibt, durch die das Ergebnis beeinflusst werden könnte. Bei bestimmten Zielstellungen werden aber auch Fokusgruppen mit Realgruppen durchgeführt.

Die meisten Fokusgruppen werden mit sechs bis zehn Teilnehmern besetzt. Eine solche Gruppengröße ermöglicht eine dynamische Diskussion, bei der alle Teilnehmer ausreichend Gelegenheit haben sich zu äußern. Die Dauer einer Fokusgruppe beträgt in der Regel zwei Stunden. Eine zweistündige Diskussion bietet einen ausreichen Zeitraum, um Themen eingehender zu diskutieren und um alle Teilnehmer und Teilnehmerinnen zu Wort kommen zu lassen. Gleichzeitig ist der Zeitaufwand nicht zu groß, so dass die „Hürde", sich für eine Fokusgruppe anzumelden, nicht allzu groß ist. In einem Projekt sollten möglichst mehrere Fokusgruppen durchgeführt werden (als grobe Richtschnur etwa drei bis fünf Fokusgruppen pro Projekt). Dadurch wird eine breitere Fundierung und gewisse Überprüfung der Ergebnisse gewährleistet; „Ausreißer" (Zufallsergebnisse) in den Ergebnissen können so identifiziert und relativierend berücksichtigt werden. Des Weiteren kann auf diese Weise im Verlauf des Projektes, wenn die Ergebnisse aus den ersten Gruppen vorliegen, die Fragestellung weiterentwickelt und angepasst werden.

Die Frage, wie viele Fokusgruppen durchgeführt werden, richtet sich im Wesentlichen nach dem Grenznutzen (vgl. Witte 2001). Wurden in zwei Fokusgruppen mit gleichen oder ähnlichen Untergruppen sehr unterschiedliche Ergebnisse erzielt, sollten weitere Diskussionen durchgeführt werden. Wenn hingegen die Ergebnisse sehr ähnlich ausfallen, ist dies ein Zeichen dafür dass von weiteren Gruppen wenig neue Erkenntnisse zu erwarten sind und sich deshalb weitere Fokusgruppen nicht mehr lohnen.

Schritt 3: Auswahl und Schulung des Moderators

Die Moderation spielt eine zentrale Rolle für das Gelingen einer Fokusgruppe. Ihre Aufgabe ist es, eine konstruktive aufgeschlossene Atmosphäre zu kreieren, den gruppendynamischen Prozess zu lenken und das Gespräch im Hinblick auf die Fragestellungen und das Projektziel zu steuern. Daher sollten möglichst erfahrene Personen für die Moderation ausgewählt werden.

Ein geschickter Moderator/ Moderatorin lenkt das Gespräch entsprechend des Leitfadens, das Gespräch selbst findet aber innerhalb der Gruppe statt. Dabei liegt es in der Hand des Moderators/ der Moderatorin, die Diskussion in Fluss zu halten, jedoch bei unnützem Abschweifen von der Thematik regulierend einzugreifen. Zwar müssen nicht immer alle Teilnehmer zu Wort kommen, es ist aber unbedingt darauf zu achten, dass:

- jede Person zu Wort kommt, die „etwas loswerden" möchte;
- Teilnehmerinnen/Teilnehmer angesprochen werden, die einen unzufriedenen Eindruck machen;
- nicht einige wenige Teilnehmerinnen/Teilnehmer das Gespräch dominieren;
- sich die Teilnehmerinnen/Teilnehmer einigermaßen ausgewogen an der Diskussion beteiligen.

Der Moderator muss kein Experte für das Fachthema der Diskussion sein, dennoch sollte er sich gut inhaltlich vorbereiten und in die Thematik einarbeiten, damit er die Argumente richtig zuordnen und einschätzen kann.

Schritt 4: Erarbeitung von Diskussionsleitfaden und Input

In Vorbereitung auf die Diskussion ist ein Diskussionsleitfaden zu erstellen. Darin wird der zeitliche und inhaltliche Ablauf der Diskussion festgelegt und die Fragen an die Teilnehmer formuliert.

Wichtig bei der Gestaltung des Diskussionsleitfadens (wie auch später bei der Durchführung der Fokusgruppe) ist es, präzise Fragen an die Teilnehmer zu stellen, ohne bereits die Antwortmöglichkeiten einzugrenzen oder der Diskussion eine bestimmte Tendenz zu geben. Es ist deshalb sinnvoll, im Leitfaden zwischen Schlüsselfragen und Eventualfragen zu unterscheiden. Mittels allgemein formulierter Schlüsselfragen werden die einzelnen Diskussionsblöcke eröffnet. Die Schlüsselfragen werden zunächst ohne weitere Erläuterung oder Präzisierungen zur Diskussion gestellt Die Schlüsselfragen werden durch eine

Reihe von Stichworten und Eventualfragen ergänzt, auf die der Moderator zurückgreifen kann, *sofern* sie für die Diskussion relevant erscheinen und nicht bereits von den Teilnehmern beantwortet wurden. Die Eventualfragen können auch dann herangezogen werden, wenn die Diskussion nicht richtig in Gang kommen sollte. Vorrang haben jedoch in jedem Fall diejenigen Eindrücke und Einschätzungen, die die Diskussionsteilnehmer von sich aus berichten – wenn sie denn zum Thema gehören und nicht an anderer Stelle in der Diskussion besprochen werden sollen.

Ein wichtiger Aspekt bei der Durchführung von Fokusgruppen ist, dass das Forschungsthema anhand eines möglichst konkreten Informationsinputs in die Gruppe hineingetragen wird. Dieser Diskussionsinput kann beispielsweise in Form eines Kurzreferates oder anhand von Fotos, eines kurzen Videoclips, Plakaten oder Flyern für eine Aktion oder Kampagne erfolgen. Ziel ist es dabei, die Aufmerksamkeit der Teilnehmer auf den Diskussionsgegenstand zu fokussieren, und Anhand eines konkreten Beispiels diskutieren zu können. Auf diese Weise können konkrete Anstöße für die Diskussion gegeben werden und die Gefahr, dass die Ideen und Kommentare der Teilnehmer zu abstrakt bleiben, reduziert werden. In der Literatur wird immer wieder das Problem diskutiert, dass mit dem konkreten Input ein Denkrahmen geschaffen bzw. eine bestimmte Richtung vorgegeben wird, so dass Kreativität und „Möglichkeitsraum" verloren geht. Diese Gefahr wird durch unsere Erfahrungen nicht bestätigt.

Schritt 5: Überprüfung des Leitfadens

Es kann unter Umständen sinnvoll sein, den Diskussionsleitfaden in einem sog. Pre-Test vor der Veranstaltung zu überprüfen. Dabei handelt es sich um eine Art Probedurchlauf zur Klärung, ob das gewählte Vorgehen zielführend ist und ob die im Leitfaden formulierten Fragen plausibel und klar formuliert sind. Dieser Arbeitsschritt kann mit geringem Aufwand durchgeführt werden, z.B. indem der Leitfaden einer Testperson „durchgespielt" wird

Sollten trotzdem in der ersten Fokusgruppen-Veranstaltung Probleme auftreten oder sollten sinnvolle Verbesserungen bzw. Veränderungen deutlich werden, so kann der Diskussionsleitfaden auch dann noch verändert und angepasst werden.

Schritt 6: Gewinnung der Teilnehmer/ Teilnehmerinnen

Der Aufwand für die Gewinnung der Teilnehmer/ Teilnehmerinnen ist sehr unterschiedlich und steht in Abhängigkeit zur jeweiligen Zielgruppe, die man zu Wort kommen lassen möchte. Wenn beispielsweise auf bestehende Adressdatenbanken zurückgegriffen werden kann (z.B. eine Mitgliederkartei, eine Spenderdatenbank o.ä.), ist der Aufwand gering. Schwieriger wird es, wenn diese Möglichkeit nicht besteht. Im vorliegenden Projekt hat sich für den letzteren Fall vor allem das Internet (Einstellen eines Aufrufs auf die Website sowie Verbreitung über Email Newsletter), die Schaltung von Zeitungsannoncen sowie das Aushängen einer Einladung in Schulen, Universitäten, Supermärkten etc. als effizienter Weg erwiesen.

Dennoch kann die Gewinnung von Teilnehmern/ Teilnehmerinnen bei bestimmten Zielgruppen mit viel Zeit und Mühe verbunden sein. Bei der Planung eines Fokusgruppenprojekts sollte daher darauf geachtet werden, dass genügend Ressourcen für diesen Arbeitsschritt bereit gestellt werden. Die Teilnehmer-Gewinnung für eine Fokusgruppe kann unter Umständen auch extern z.b. an ein Marktforschungsinstitut vergeben werden, was allerdings die Kosten für das Projekt erhöht.

Als zusätzlicher Anreiz für die Teilnahme an einer Fokusgruppe können eine Aufwandsentschädigung oder andere Incentives bspw. in Form von Sachgeschenken, eines Buffets oder Ähnlichem bereit gestellt werden. Wenn eine Aufwandsentschädigung o.ä. bereit gestellt wird, sollte darauf bereits in der Einladung hingewiesen werden.

Zur Erinnerung empfiehlt es sich, kurz bevor die Fokusgruppe stattfindet, an alle Teilnehmer/ Teilnehmerinnen eine schriftliche Bestätigung mit allen relevanten Informationen sowie einer Anfahrtsskizze zu schicken.

Schritt 7: Durchführung der Diskussion

Auch die Durchführung der Diskussion kann mit unterschiedlichem Aufwand verbunden sein. Ein Setting, wie es in der Marktforschung standardmäßig für Fokusgruppen gewählt wird (mit speziellen Diskussionsräumen und Aufzeichnung der Diskussionen auf Video), ist aber nicht unbedingt notwendig. In der Praxis der Umweltverbände dürften hier aufwandsärmere Gestaltungsformen oft angemessener und zielführender sein.

Die im Marketing meist verwendeten Diskussionsräume sind speziell für Gruppendiskussionen ausgelegt und verfügen über einen Zuschauerraum, der durch eine Spiegelwand vom Diskussionsraum abgetrennt ist sowie über die Möglichkeit, die Veranstaltung auf Video aufzuzeichnen. Fokusgruppen müssen aber nicht in solchen Räumen durchgeführt werden. In der Regel reicht ein Raum aus, der ausreichend Platz und eine entspannte und ungestörte Gesprächsatmosphäre bietet. Wichtig ist dabei, dass sich die Diskussionsteilnehmer in ihrer Umgebung wohl fühlen.

Die Dauer einer Fokusgruppe liegt meist bei ca. zwei Stunden.

Die Diskussion wird von einem Moderator und einem Assistenten betreut und geleitet. Der Assistent kann (wenn dies erforderlich ist) die Moderation als Co-Moderator unterstützen, vor allem hat er jedoch die Aufgabe, das Protokoll zu führen und den Diskussionsinput einzubringen. Dabei kann der Assistent auch in die Diskussion eingreifen und nachfragen z.B. wenn etwas unklar ist oder zu schnell geht. Wenn die Aufgaben für die Co-Moderation umfangreicher sind, kann neben dem Assistenten zusätzlich eine weitere Person eingesetzt werden, die das Protokoll übernimmt.

Für die Dokumentation sollte die Veranstaltung auf Tonband aufgezeichnet und zusätzlich vom Assistenten/ Protokollanten, der an der Diskussion teilnimmt, schriftlich festgehalten werden[77].

Der Erfolg einer Fokusgruppe wird letztlich von der Art und Weise der Diskussionsleitung des Moderators bestimmt. Er ist dafür verantwortlich, eine konstruktive und gewinnbringende Diskussions-Atmosphäre zu erzeugen und die gruppendynamischen Prozesse zu lenken. Durch eine sorgfältige Vorbereitung und die Beachtung verschiedener Durchführungshinweise kann die Arbeit des Moderators jedoch unterstützt werden.

Durchführungstipps für Fokusgruppen:

- Wenn die Diskussion auf Tonband oder auf Video aufgezeichnet werden soll, sollte zu Beginn von den Teilnehmern eine Aufzeichnungserlaubnis eingeholt werden. Hierbei sollte darauf hingewiesen werden, dass die Diskussionsbeiträge anonymisiert weiterverwendet werden.

- Es ist sinnvoll, den Teilnehmern zu Beginn der Diskussion eine Übersicht die Schlüsselfragen als Handout vorzulegen oder sie in anderer Form zu visualisieren (beispielsweise auf einem Flipchart oder mit Laptop und Beamer).

- Auch bei Tonbandaufzeichnung sollte immer so mitgeschrieben werden, dass das Protokoll möglichst auch ohne Tonband erstellt werden kann.

- Direkt im Anschluss an die Veranstaltung sollte ein „Post-Script" angefertigt werden:
auf etwa einer halben Seite sollten nichtsprachliche, atmosphärische Gesprächsaspekte festgehalten werden, Dinge, die gegebenenfalls vor und nach der Tonaufzeichnung geschehen oder erzählt worden sind, sowie abschließende Vereinbarungen, Versprechen, Angebote etc.

- ProtokollantIn und ModeratorIn sollten Pausen im Gespräch zulassen bzw. ermöglichen (z.B. indem deutlich sichtbar mitgeschrieben wird).

- Wenn ein Sachverhalt unklar ist oder zuviel „Insider-Wissen" vorausgesetzt werden, unbedingt die Person (frühzeitig) bremsen und das angerissene Thema genauer erklären lassen. Klarmachen, dass man – in gewisser Hinsicht – Laie ist.

- Bevor ein neuer Themenblock angeschnitten wird, sollte der Moderator sinntragende, protokollwürdige Aspekte der bisherigen Diskussion möglichst mit eigenen knappen Worten zusammenfassen und widerspiegeln. Auf diese Weise versichert man sich der Richtigkeit seines Verständnisses und erhält eine Autorisierung seiner Zusammenfassung. Wichtige Punkte können auf

---

[77] In manchen Fällen ist auch eine Aufzeichnung auf Video sinnvoll, v.a. wenn die Gestik und Mimik der Teilnehmenden dokumentiert werden soll.

diese Weise von den Teilnehmern noch einmal ergänzt bzw. präzisiert werden.Es sollten immer alle Schlüsselfragen des Leitfadens thematisiert werden, auch wenn manches schon in der vorhergehenden Diskussion gesagt wurde. In solchen Fällen (insbesondere bei Zeitdruck oder bei Ungeduld der Teilnehmer) evtl. selbst zusammenfassende Stichworte finden, diese „absegnen" lassen und mehr oder weniger rasch weitergehen.

Am Ende einer Fokusgruppe wird häufig ein kurzer Fragebogen verteilt, um anonyme sozialstrukturelle Daten der Teilnehmer zu erheben. Darüber hinaus können hier auch einzelne zentrale Themen aus dem Projekt abgefragt werden. Falls im Projekt eine Aufwandsentschädigung für die Teilnehmer vorgesehen ist, sollte sie am Ende der Veranstaltung ausgezahlt werden.

Schritt 8: Dokumentation und Auswertung

Zur Auswertung der Diskussion wird anhand der Mitschrift und der Tonbandaufzeichnung ein Protokoll erstellt. Hierbei sind einige Hinweise zu beachten:

- Das Protokoll stellt eine verdichtete Ergebnisdokumentation dar, das heißt die Aussagen der Teilnehmer sollten zusammengefasst und pointiert wiedergegeben werden (durch Paraphrasierung).
- Der Aufbau des Protokolls sollte sich möglichst an der Gliederung des Leitfadens orientieren.
- Die verschiedenen Statements der Teilnehmer sollten zunächst themenspezifisch gebündelt und zusammengefasst werden (Clusterbildung). Diese Gruppierung und Zusammenfassung der verschiedenen Statements zu einem Thema erleichtert die spätere Auswertung, da man auf diese Weise einen schnelleren Überblick über die Ergebnisse erhält.
- Im Protokoll sollten innovative Vorschläge und deutliche Negativwirkungen besonders hervorgehoben werden.
- Besonders aussagekräftige Statements sollten wörtlich (als Zitate) in das Protokoll aufgenommen werden. Die Zitate müssen allerdings anonymisiert sein, d.h. die Namen der Teilnehmer sollten (aus Gründen der Vertraulichkeit und des Datenschutzes) im Protokoll nicht genannt werden. Solch prägnante Zitate können zur Unterstreichung wichtiger Ergebnisse in die spätere Auswertung übernommen werden.
- Es muss deutlich gemacht werden, bei welchen Statements es sich um Mehrheitsmeinungen und bei welchen es sich um Einzelmeinungen handelt.
- Auch die Ergebnisse aus den Fragebögen zur Zusammensetzung der Gruppe sollten im Protokoll festgehalten werden.

Der nächste Auswertungsschritt ist die Interpretation der Ergebnisse. Anhand des Protokolls werden die zentralen Ergebnisse aus der Diskussion zusammenfassend dargestellt und interpretiert. Hier können auch bereits erste Schlussfolgerungen gezogen werden.

Schritt 9: Zusammenführung der Ergebnisse und Schussfolgerungen

In diesem Arbeitsschritt werden die Ergebnisse aus den einzelnen Fokusgruppen-Veranstaltungen zusammengeführt. Hier werden alle Fokusgruppen-Protokolle miteinander verglichen und zusammengefasst. Insbesondere sollte hier auf Gemeinsamkeiten und Unterschiede zwischen den einzelnen Gruppen eingegangen werden (z.B. auf Ergebnisse, die sich durch alle Fokusgruppen hindurchziehen, bzw. auf Besonderheiten oder Abweichungen in den Gruppen). Wenn im Projekt verschiedene Zielgruppen befragt wurden, sollten an dieser Stelle die verschiedenen Gruppen miteinander verglichen werden, um gruppenspezifische Charakteristika zu identifizieren.

Ein sehr wichtiger Schritt ist die Ableitung von Schlussfolgerungen und Handlungsempfehlungen für die Arbeit des Verbandes. Die übergreifenden Ergebnisse sowie die Schlussfolgerungen und Handlungsempfehlungen sind in einem kurzen Ergebnispapier (z.B. in Form einer Management Summary) festzuhalten. Oft werden die Ergebnisse den Entscheidungsträgern zusätzlich in Form einer persönlichen Präsentation vorgestellt.

ZukunftsStudien

Herausgegeben von Rolf Kreibich

Die Bände 1-20 sind beim Beltz Verlag, Weinheim und
die Bände 21-30 bei der Nomos Verlagsgesellschaft, Baden-Baden erschienen.

Band 31 Michael Heinze / Christian Trapp / Michaela Wölk / Sandra Krause / Mandy Scheermesser: Virtuelle Unternehmen. Trendentwicklungen, Unternehmensfallstudien, Erfolgsfaktoren, Zukunftsszenarien. Mit einem Vorwort von Rolf Kreibich. Unter Mitarbeit von Britta Oertel mit einem Praxis-Beitrag von Heike Arnold. 2007.

Band 32 Edgar Göll / Christine Henseling: Mobilisierung von Umweltengagement. Wie Unterstützungsmöglichkeiten für Umwelt- und Naturschutz erschlossen werden können. Herausgegeben vom Bundesministerium für Umwelt, Naturschutz und Reaktorsicherheit (BMU). 2007.

www.peterlang.de

Walter Leal Filho / Bernd Delakowitz (Hrsg.)

Umweltmanagement an Hochschulen: Nachhaltigkeitsperspektiven

Frankfurt am Main, Berlin, Bern, Bruxelles, New York, Oxford, Wien, 2005.
201 S., zahlr. Abb. und Tab.
Umweltbildung, Umweltkommunikation und Nachhaltigkeit.
Herausgegeben von Walter Leal Filho. Bd. 18
ISBN-10: 3-631-52956-2 / ISBN-13: 978-3-631-52956-0 · br. € 32.80*

Nachhaltige Entwicklung besitzt große Bedeutung für die Bereiche Politik, Wirtschaft, Umwelt und Soziales. Im Rahmen der Umsetzung werden diese Bereiche nicht isoliert, sondern als Synthese verstanden und in ihrer Wechselwirkung und Betrachtungsweise gleichberechtigt behandelt. Aus diesen Gründen stehen Hochschulen und Universitäten in zunehmendem Maße in der Verantwortung, eine multidisziplinäre und ethisch orientierte Form der Ausbildung zu entwickeln. Wie ist es sonst möglich, den wachsenden Problemen, mit denen sich die Menschheit des 21. Jahrhunderts konfrontiert sieht, zumindest ansatzweise zu begegnen? Hochschulen und Universitäten müssen sich mehr als bisher ihrer besonderen Vordenker- und Vorbildsrolle bewusst werden und ihre Möglichkeiten für einen stetigen Transport von Information, Aufklärung und Bildung über die drängenden ökologischen und sozio-ökonomischen Probleme in die Gesellschaft nutzen. Nur so wird es der Menschheit von morgen möglich sein, in einer nachhaltigen und gerechteren Welt zu leben. Dieses Buch verknüpft das Themenfeld „Nachhaltigkeit" mit dem organisatorischen Instrumentarium des Umweltmanagements und soll dazu beitragen, Wichtigkeit und Umsetzbarkeit von Nachhaltigkeitsstrategien noch sichtbarer zu machen. Es gibt zahlreiche Ansätze und Projekte an deutschen Hochschulen, in deren Mittelpunkt Umweltmanagement und/oder Nachhaltigkeit stehen. Doch nicht alle derartigen Ansätze oder Projekte sind bekannt. Dieser Band, welcher im Rahmen des Projekts *SmartLIFE* realisiert worden ist, stellt einige Ansätze dar mit der Hoffnung, dass daraus neue Impulse entstehen können.

Frankfurt am Main · Berlin · Bern · Bruxelles · New York · Oxford · Wien
Auslieferung: Verlag Peter Lang AG
Moosstr. 1, CH-2542 Pieterlen
Telefax 00 41 (0) 32 / 376 17 27

*inklusive der in Deutschland gültigen Mehrwertsteuer
Preisänderungen vorbehalten

Homepage http://www.peterlang.de